Der Gerstenberg Verlag dankt den folgenden Personen für die fachliche Beratung:

Andreas Braun, Zentralverband Sanitär Heizung Klima (ZVSHK), St. Augustin ·
Lutz Ernesti, Hannover · den Mitarbeitern der EVI Energieversorgung Hildesheim ·
Andreas Friedrich, bis September 2023 beim Deutschen Wetterdienst, Offenbach ·
Gregor Honsel, Hannover · Henrik Lührs, AIRCADEMY, Meerbusch · Rolf Priebs,
Expedient Gerstenberg Verlag, Hildesheim · Olaf Przybilski, ehemaliger Projektleiter für
Raumfahrtsysteme, TU Dresden · Angelika Sackmann, Zweckverband Abfallwirtschaft
Hildesheim · Stefan Schorr, Fotografie & Text, Bremen · Dietmar Strothmann,
Hannover · Nahid von Richthofen, Fachdienst Umwelt, Stadt Langenhagen ·
Dennis Yilmazoez, Heidelberg

10. Auflage 2026
Die Originalausgabe erschien 2014 unter dem Titel *Stuff You Should Know* bei Marshall Editions an imprint of
The Quarto Group, 1 Triptych Place, London SE1 9SH, Großbritannien. Copyright © 2014, Marshall Editions.
Alle Rechte vorbehalten.

Text: John Farndon und Rob Beattie
Illustrationen: Peter Bull, Steve Fricker, David Burnie, Mike Harnden,
John Kelly, Obin, Gary Smart

Aus dem Englischen von Margot Wilhelmi, Sulingen
Satz: hohesufer.com, Hannover
Printed in Guangdong, China TT102025
Gerstenberg Verlag GmbH & Co. KG, Rathausstraße 18–20,
D-31134 Hildesheim, verlag@gerstenberg-verlag.de,

ISBN 978-3-8369-5842-4

FSC
MIX
Papier | Fördert
gute Waldnutzung
FSC® C016973
www.fsc.org

Weitere spannende Sachbücher
findest du auf unserer Homepage:
www.gerstenberg-verlag.de

INHALT

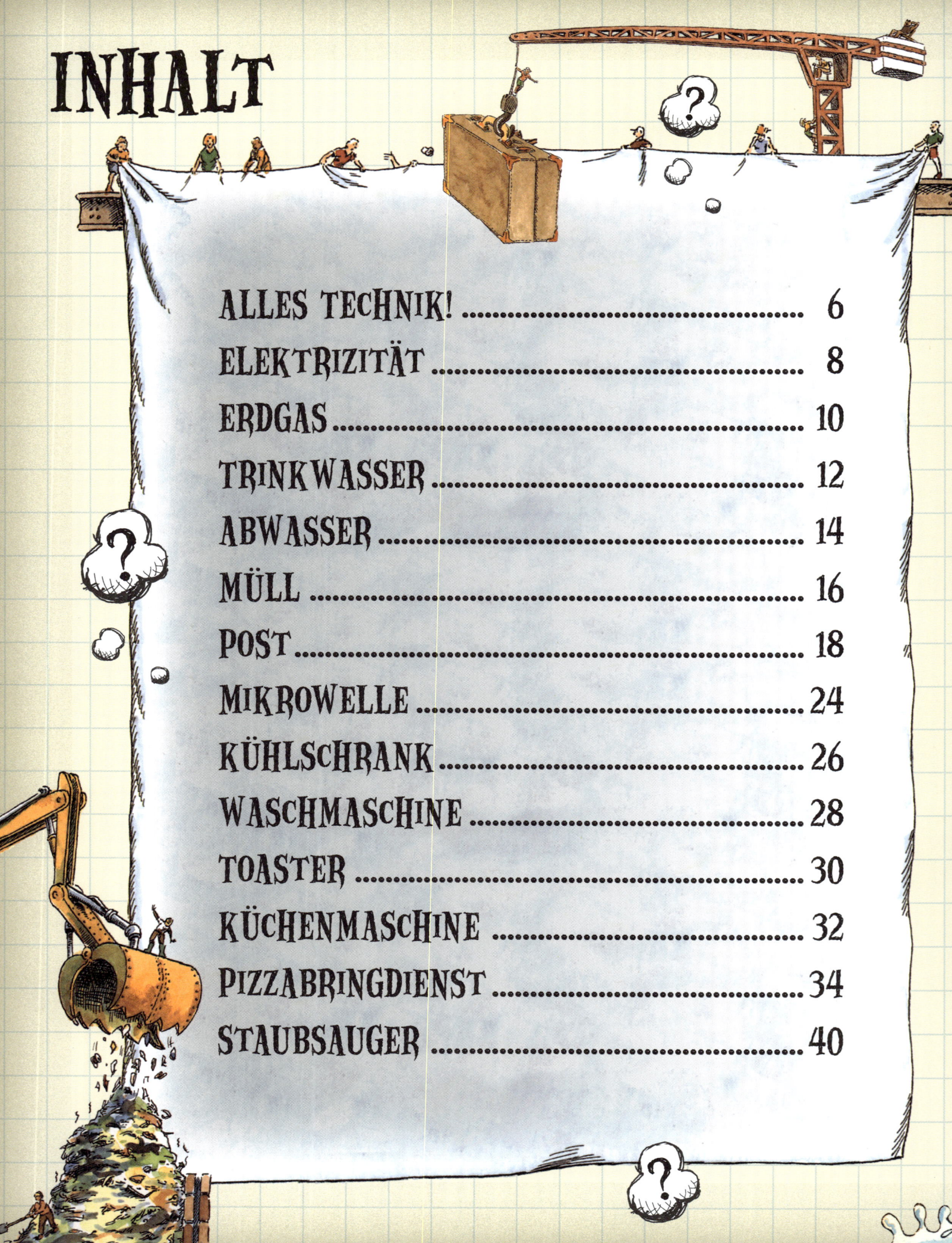

ALLES TECHNIK!

Noch vor 200 Jahren mussten die Menschen Lampenöl, Kerzen und Wasser selbst nach Hause schaffen, Wäsche wurde am Fluss gewaschen. Heute drückst du einfach auf den Lichtschalter, drehst den Wasserhahn auf oder belädst die Waschmaschine. Alles ganz einfach! Oder?

In diesem Haus siehst du jede Menge Dinge, die für dich ganz selbstverständlich sind. Doch dahinter stecken viele clevere Ideen und raffinierte Technik. Wie das alles funktioniert, zeigt dir dieses Buch.

Die **fett** gedruckten Wörter werden auf den Seiten 78–79 erklärt.

Licht

Klospülung

Badewanne und Dusche

Trinkwasser zum Kochen, Wäschewaschen, Geschirrspülen – und zum Trinken

Mülltonne

Abwasserrohr

Trinkwasserleitung

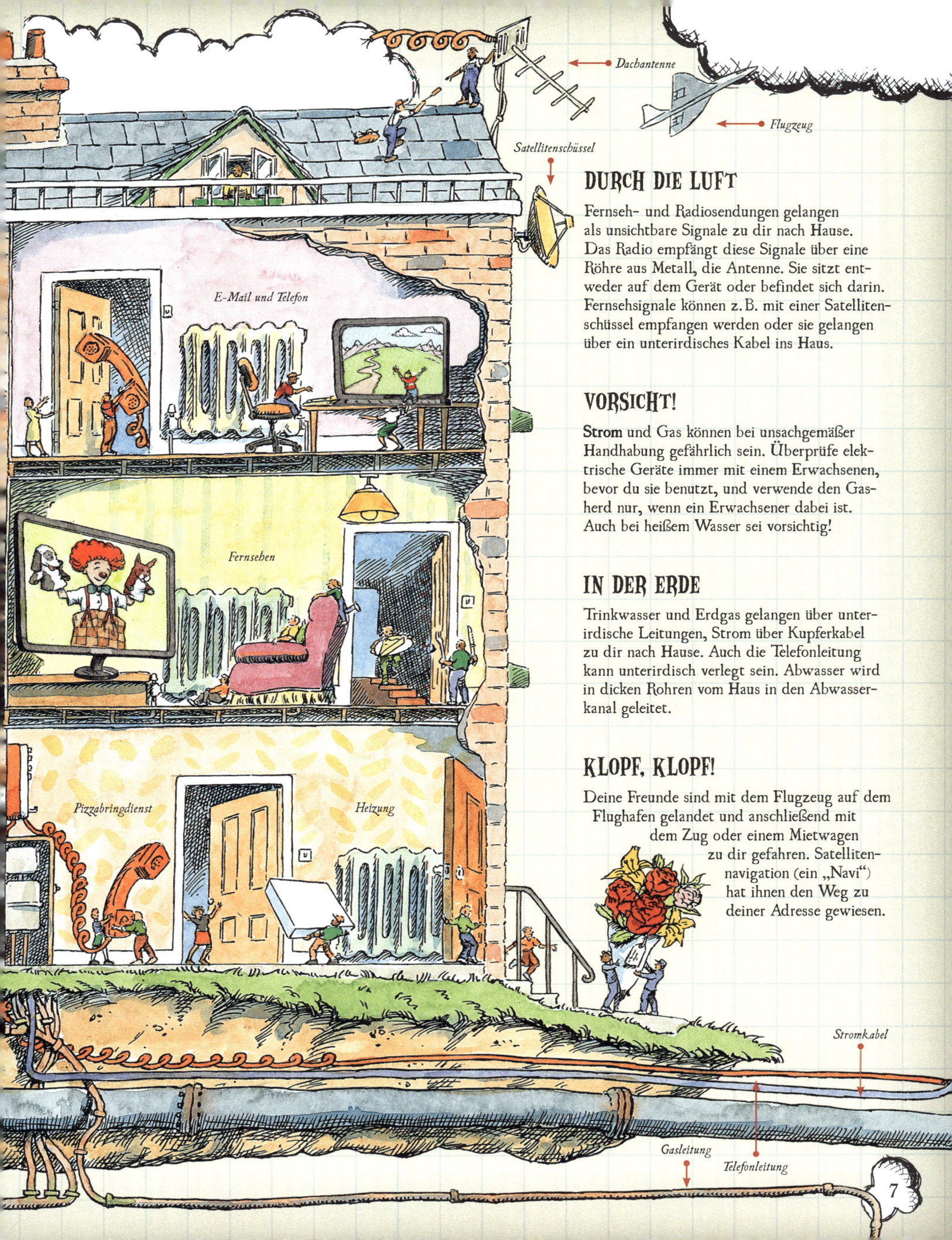

Dachantenne

Flugzeug

Satellitenschüssel

E-Mail und Telefon

Fernsehen

Pizzabringdienst

Heizung

Stromkabel

Gasleitung

Telefonleitung

DURCH DIE LUFT

Fernseh- und Radiosendungen gelangen als unsichtbare Signale zu dir nach Hause. Das Radio empfängt diese Signale über eine Röhre aus Metall, die Antenne. Sie sitzt entweder auf dem Gerät oder befindet sich darin. Fernsehsignale können z. B. mit einer Satellitenschüssel empfangen werden oder sie gelangen über ein unterirdisches Kabel ins Haus.

VORSICHT!

Strom und Gas können bei unsachgemäßer Handhabung gefährlich sein. Überprüfe elektrische Geräte immer mit einem Erwachsenen, bevor du sie benutzt, und verwende den Gasherd nur, wenn ein Erwachsener dabei ist. Auch bei heißem Wasser sei vorsichtig!

IN DER ERDE

Trinkwasser und Erdgas gelangen über unterirdische Leitungen, Strom über Kupferkabel zu dir nach Hause. Auch die Telefonleitung kann unterirdisch verlegt sein. Abwasser wird in dicken Rohren vom Haus in den Abwasserkanal geleitet.

KLOPF, KLOPF!

Deine Freunde sind mit dem Flugzeug auf dem Flughafen gelandet und anschließend mit dem Zug oder einem Mietwagen zu dir gefahren. Satellitennavigation (ein „Navi") hat ihnen den Weg zu deiner Adresse gewiesen.

ELEKTRIZITÄT

Wenn du eine Lampe anschaltest, wird ihr Leuchtkörper durch unsichtbare Energie, den elektrischen Strom, zum Leuchten gebracht. Der Strom wird in einem Kraftwerk erzeugt. Doch wie gelangt er von dort zu dir nach Hause?

Wasserkraft

Energie aus Kohle, Öl oder Gas

Kernenergie

① DAMPF MACHEN

Kraftwerke verbrennen Kohle, Öl oder Gas oder sie nutzen **Kernenergie**, um aus Wasser Dampf zu erzeugen. Der Dampf strömt durch Rohre zu einer **Turbine** und versetzt sie in schnelle Drehung. In Wasserkraftwerken werden die Turbinen zur Stromerzeugung direkt von durchströmendem Wasser angetrieben.

Wasser   *Dampfstrahl*

Die Turbinen-schaufeln drehen sich mit hoher Geschwindigkeit.

② GENERATOR

Der **Generator** besteht aus einer Kupferdrahtspule, die sich zwischen den **Polen** eines gewaltigen **Magneten** befindet.

Magnet

Kupferdraht-spule

*Eine **Welle** dreht die Kupferdrahtspule im Generator.*

Transformator zur Spannungserhöhung

③ STROMERZEUGUNG

Die Kraft des Magneten zieht winzige negativ geladene Teilchen, die **Elektronen**, durch den Draht. Sie bilden einen stetigen Fluss von Elektrizität, den elektrischen **Strom**.

④ SPANNUNG

Die **elektrische Spannung** aus dem Kraftwerk ist zu niedrig, als dass der Strom bis zu dir nach Hause gelangen könnte. Sie wird erhöht, indem der Strom durch einen **Transformator** geschickt wird.

Ein dickes Kabel nimmt den Strom von der Spule auf.

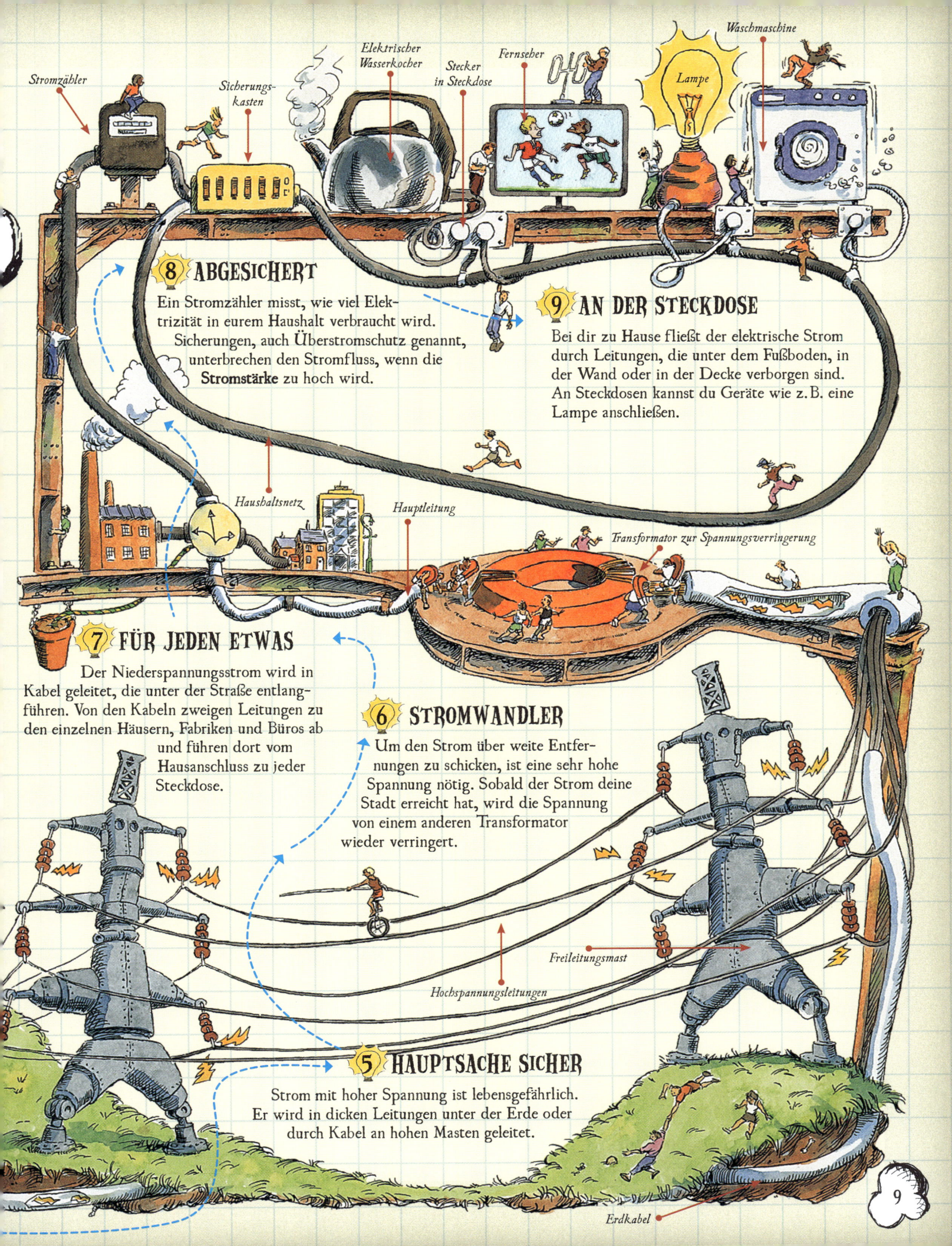

Stromzähler

Sicherungs-kasten

Elektrischer Wasserkocher

Stecker in Steckdose

Fernseher

Lampe

Waschmaschine

⑧ ABGESICHERT

Ein Stromzähler misst, wie viel Elektrizität in eurem Haushalt verbraucht wird. Sicherungen, auch Überstromschutz genannt, unterbrechen den Stromfluss, wenn die **Stromstärke** zu hoch wird.

⑨ AN DER STECKDOSE

Bei dir zu Hause fließt der elektrische Strom durch Leitungen, die unter dem Fußboden, in der Wand oder in der Decke verborgen sind. An Steckdosen kannst du Geräte wie z. B. eine Lampe anschließen.

Haushaltsnetz

Hauptleitung

Transformator zur Spannungsverringerung

⑦ FÜR JEDEN ETWAS

Der Niederspannungsstrom wird in Kabel geleitet, die unter der Straße entlangführen. Von den Kabeln zweigen Leitungen zu den einzelnen Häusern, Fabriken und Büros ab und führen dort vom Hausanschluss zu jeder Steckdose.

⑥ STROMWANDLER

Um den Strom über weite Entfernungen zu schicken, ist eine sehr hohe Spannung nötig. Sobald der Strom deine Stadt erreicht hat, wird die Spannung von einem anderen Transformator wieder verringert.

Freileitungsmast

Hochspannungsleitungen

⑤ HAUPTSACHE SICHER

Strom mit hoher Spannung ist lebensgefährlich. Er wird in dicken Leitungen unter der Erde oder durch Kabel an hohen Masten geleitet.

Erdkabel

9

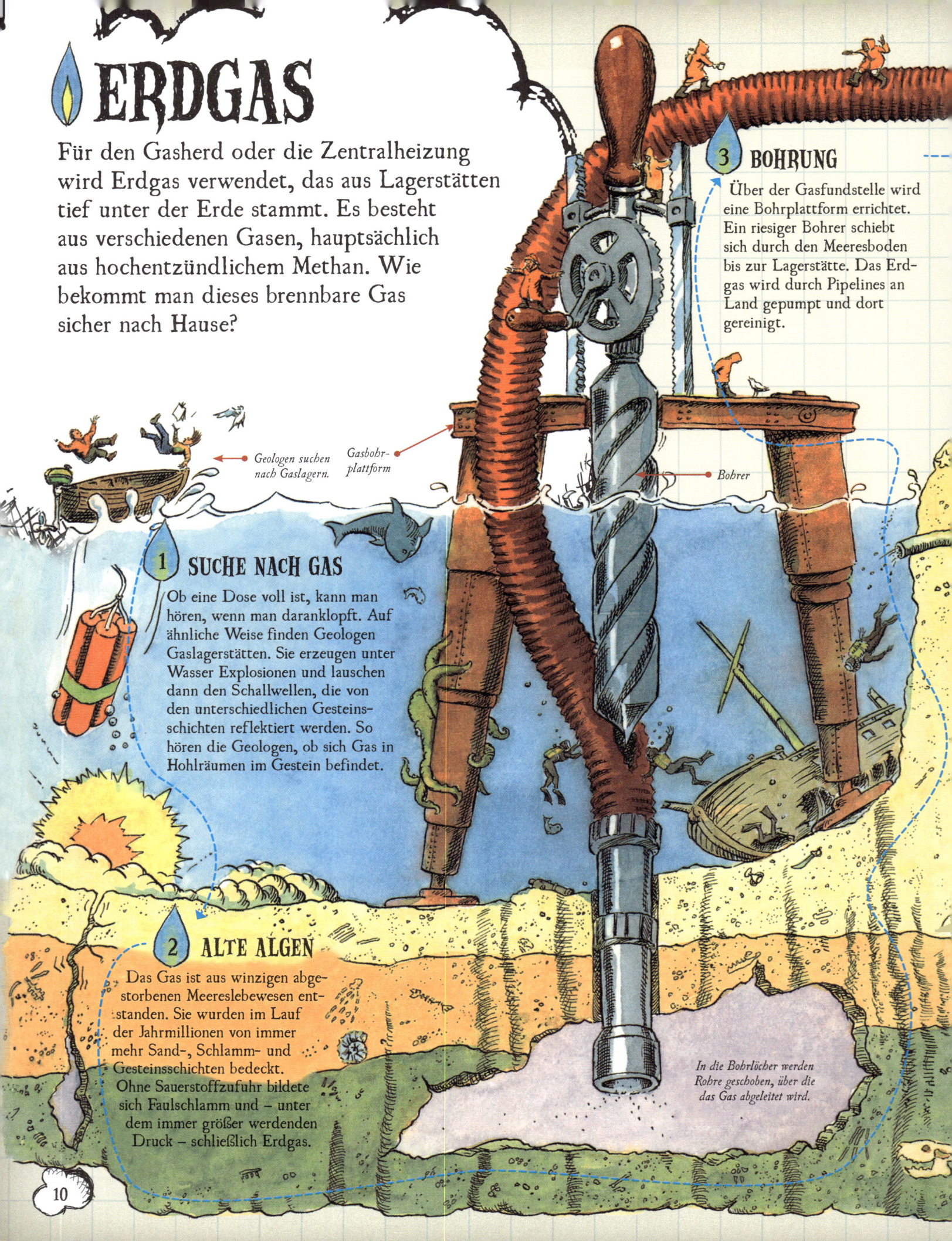

ERDGAS

Für den Gasherd oder die Zentralheizung wird Erdgas verwendet, das aus Lagerstätten tief unter der Erde stammt. Es besteht aus verschiedenen Gasen, hauptsächlich aus hochentzündlichem Methan. Wie bekommt man dieses brennbare Gas sicher nach Hause?

Geologen suchen nach Gaslagern.

Gasbohr-plattform

Bohrer

3 BOHRUNG

Über der Gasfundstelle wird eine Bohrplattform errichtet. Ein riesiger Bohrer schiebt sich durch den Meeresboden bis zur Lagerstätte. Das Erdgas wird durch Pipelines an Land gepumpt und dort gereinigt.

1 SUCHE NACH GAS

Ob eine Dose voll ist, kann man hören, wenn man daranklopft. Auf ähnliche Weise finden Geologen Gaslagerstätten. Sie erzeugen unter Wasser Explosionen und lauschen dann den Schallwellen, die von den unterschiedlichen Gesteins-schichten reflektiert werden. So hören die Geologen, ob sich Gas in Hohlräumen im Gestein befindet.

2 ALTE ALGEN

Das Gas ist aus winzigen abge-storbenen Meereslebewesen ent-standen. Sie wurden im Lauf der Jahrmillionen von immer mehr Sand-, Schlamm- und Gesteinsschichten bedeckt. Ohne Sauerstoffzufuhr bildete sich Faulschlamm und – unter dem immer größer werdenden Druck – schließlich Erdgas.

In die Bohrlöcher werden Rohre geschoben, über die das Gas abgeleitet wird.

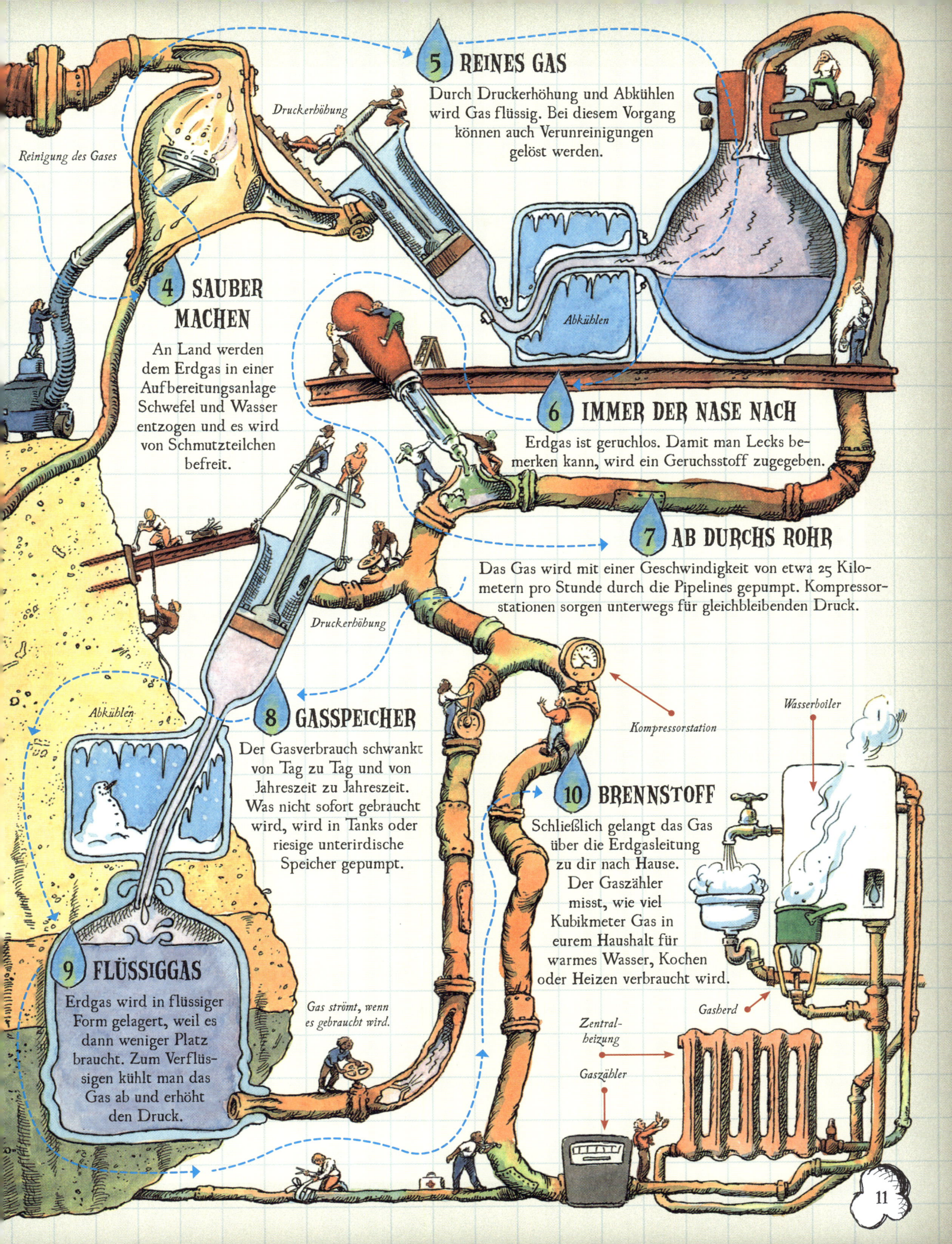

5 REINES GAS

Durch Druckerhöhung und Abkühlen wird Gas flüssig. Bei diesem Vorgang können auch Verunreinigungen gelöst werden.

Reinigung des Gases

Druckerhöhung

Abkühlen

4 SAUBER MACHEN

An Land werden dem Erdgas in einer Aufbereitungsanlage Schwefel und Wasser entzogen und es wird von Schmutzteilchen befreit.

6 IMMER DER NASE NACH

Erdgas ist geruchlos. Damit man Lecks bemerken kann, wird ein Geruchsstoff zugegeben.

7 AB DURCHS ROHR

Das Gas wird mit einer Geschwindigkeit von etwa 25 Kilometern pro Stunde durch die Pipelines gepumpt. Kompressorstationen sorgen unterwegs für gleichbleibenden Druck.

Druckerhöhung

Kompressorstation

8 GASSPEICHER

Der Gasverbrauch schwankt von Tag zu Tag und von Jahreszeit zu Jahreszeit. Was nicht sofort gebraucht wird, wird in Tanks oder riesige unterirdische Speicher gepumpt.

Abkühlen

10 BRENNSTOFF

Schließlich gelangt das Gas über die Erdgasleitung zu dir nach Hause. Der Gaszähler misst, wie viel Kubikmeter Gas in eurem Haushalt für warmes Wasser, Kochen oder Heizen verbraucht wird.

Wasserboiler

Gasherd

9 FLÜSSIGGAS

Erdgas wird in flüssiger Form gelagert, weil es dann weniger Platz braucht. Zum Verflüssigen kühlt man das Gas ab und erhöht den Druck.

Gas strömt, wenn es gebraucht wird.

Zentralheizung

Gaszähler

11

TRINKWASSER

Einfach den Hahn aufdrehen und es kommt Wasser heraus – sauberes, frisches Trinkwasser, Wasser zum Waschen und Baden. In Deutschland verbraucht jeder Mensch durchschnittlich 128 Liter Trinkwasser pro Tag. Das meiste davon ist einmal als Regen auf die Erde gefallen, aber wie kommt es zu dir nach Hause?

Das Wasser wird gefiltert.

1 ERFRISCHENDER REGEN

Regenwasser gelangt in Flüsse oder versickert im Boden. Pumpen saugen dieses Wasser in große Rohre. Größere Gegenstände wie Zweige werden herausgefiltert.

Regenwasser wird durch Rohre geleitet.

8 BADEZEIT

Vom Hausanschluss führen Wasserleitungen zu Wassertanks oder -hähnen im ganzen Gebäude. Du musst nur noch den Hahn aufdrehen, dann heißt es: Wasser, marsch!

Durstlöscher

Badewasser

7 UNTER DRUCK!

Auf vielen Straßen und Gehwegen gibt es besondere Wasserzapfstellen, Hydranten genannt. Diese zapfen das öffentliche Wasserleitungsnetz direkt unter der Straße an, wo der Wasserdruck höher ist als beim Hausanschluss. So bekommen z. B. Feuerwehrleute einen ordentlichen Löschstrahl.

Wasser zum Geschirrspülen

Wasser zum Feuerlöschen

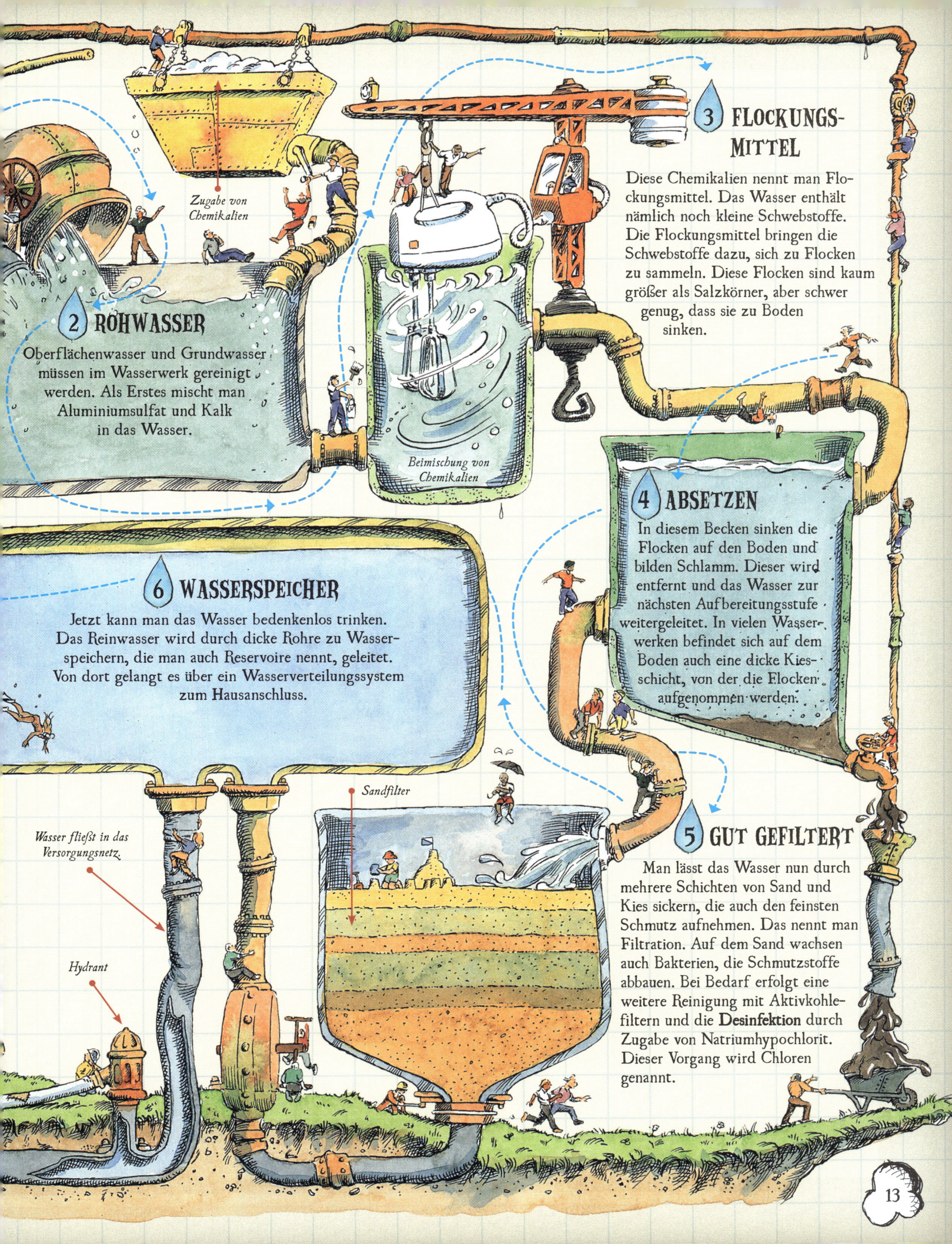

Zugabe von Chemikalien

2 ROHWASSER

Oberflächenwasser und Grundwasser müssen im Wasserwerk gereinigt werden. Als Erstes mischt man Aluminiumsulfat und Kalk in das Wasser.

Beimischung von Chemikalien

3 FLOCKUNGS-MITTEL

Diese Chemikalien nennt man Flockungsmittel. Das Wasser enthält nämlich noch kleine Schwebstoffe. Die Flockungsmittel bringen die Schwebstoffe dazu, sich zu Flocken zu sammeln. Diese Flocken sind kaum größer als Salzkörner, aber schwer genug, dass sie zu Boden sinken.

4 ABSETZEN

In diesem Becken sinken die Flocken auf den Boden und bilden Schlamm. Dieser wird entfernt und das Wasser zur nächsten Aufbereitungsstufe weitergeleitet. In vielen Wasserwerken befindet sich auf dem Boden auch eine dicke Kiesschicht, von der die Flocken aufgenommen werden.

6 WASSERSPEICHER

Jetzt kann man das Wasser bedenkenlos trinken. Das Reinwasser wird durch dicke Rohre zu Wasserspeichern, die man auch Reservoire nennt, geleitet. Von dort gelangt es über ein Wasserverteilungssystem zum Hausanschluss.

Wasser fließt in das Versorgungsnetz.

Hydrant

Sandfilter

5 GUT GEFILTERT

Man lässt das Wasser nun durch mehrere Schichten von Sand und Kies sickern, die auch den feinsten Schmutz aufnehmen. Das nennt man Filtration. Auf dem Sand wachsen auch Bakterien, die Schmutzstoffe abbauen. Bei Bedarf erfolgt eine weitere Reinigung mit Aktivkohlefiltern und die **Desinfektion** durch Zugabe von Natriumhypochlorit. Dieser Vorgang wird Chloren genannt.

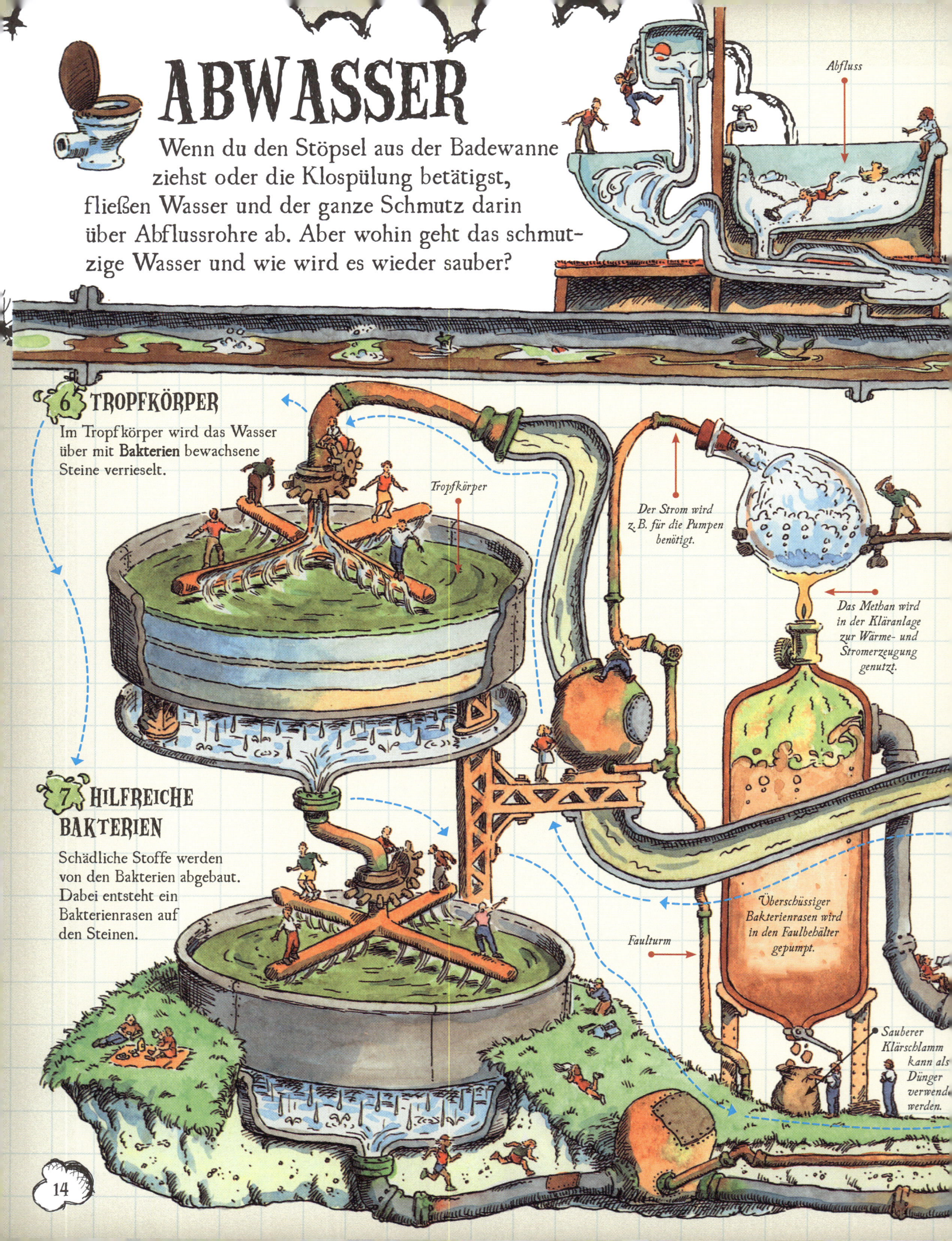

ABWASSER

Wenn du den Stöpsel aus der Badewanne ziehst oder die Klospülung betätigst, fließen Wasser und der ganze Schmutz darin über Abflussrohre ab. Aber wohin geht das schmutzige Wasser und wie wird es wieder sauber?

Abfluss

6 TROPFKÖRPER

Im Tropfkörper wird das Wasser über mit **Bakterien** bewachsene Steine verrieselt.

Tropfkörper

Der Strom wird z. B. für die Pumpen benötigt.

Das Methan wird in der Kläranlage zur Wärme- und Stromerzeugung genutzt.

7 HILFREICHE BAKTERIEN

Schädliche Stoffe werden von den Bakterien abgebaut. Dabei entsteht ein Bakterienrasen auf den Steinen.

Faulturm

Überschüssiger Bakterienrasen wird in den Faulbehälter gepumpt.

Sauberer Klärschlamm kann als Dünger verwendet werden.

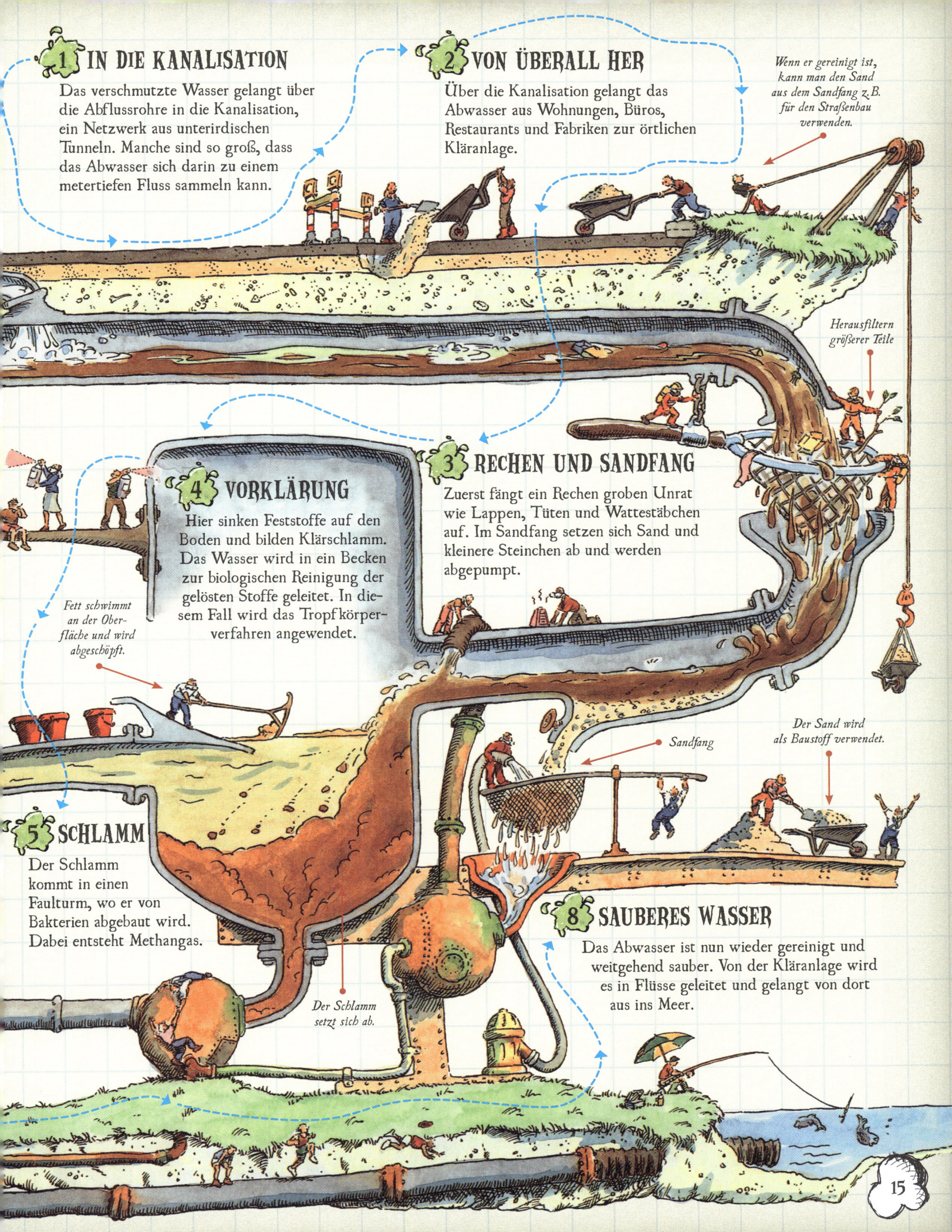

1 IN DIE KANALISATION

Das verschmutzte Wasser gelangt über die Abflussrohre in die Kanalisation, ein Netzwerk aus unterirdischen Tunneln. Manche sind so groß, dass das Abwasser sich darin zu einem metertiefen Fluss sammeln kann.

2 VON ÜBERALL HER

Über die Kanalisation gelangt das Abwasser aus Wohnungen, Büros, Restaurants und Fabriken zur örtlichen Kläranlage.

Wenn er gereinigt ist, kann man den Sand aus dem Sandfang z.B. für den Straßenbau verwenden.

Herausfiltern größerer Teile

4 VORKLÄRUNG

Hier sinken Feststoffe auf den Boden und bilden Klärschlamm. Das Wasser wird in ein Becken zur biologischen Reinigung der gelösten Stoffe geleitet. In diesem Fall wird das Tropfkörperverfahren angewendet.

3 RECHEN UND SANDFANG

Zuerst fängt ein Rechen groben Unrat wie Lappen, Tüten und Wattestäbchen auf. Im Sandfang setzen sich Sand und kleinere Steinchen ab und werden abgepumpt.

Fett schwimmt an der Oberfläche und wird abgeschöpft.

Sandfang

Der Sand wird als Baustoff verwendet.

5 SCHLAMM

Der Schlamm kommt in einen Faulturm, wo er von Bakterien abgebaut wird. Dabei entsteht Methangas.

Der Schlamm setzt sich ab.

8 SAUBERES WASSER

Das Abwasser ist nun wieder gereinigt und weitgehend sauber. Von der Kläranlage wird es in Flüsse geleitet und gelangt von dort aus ins Meer.

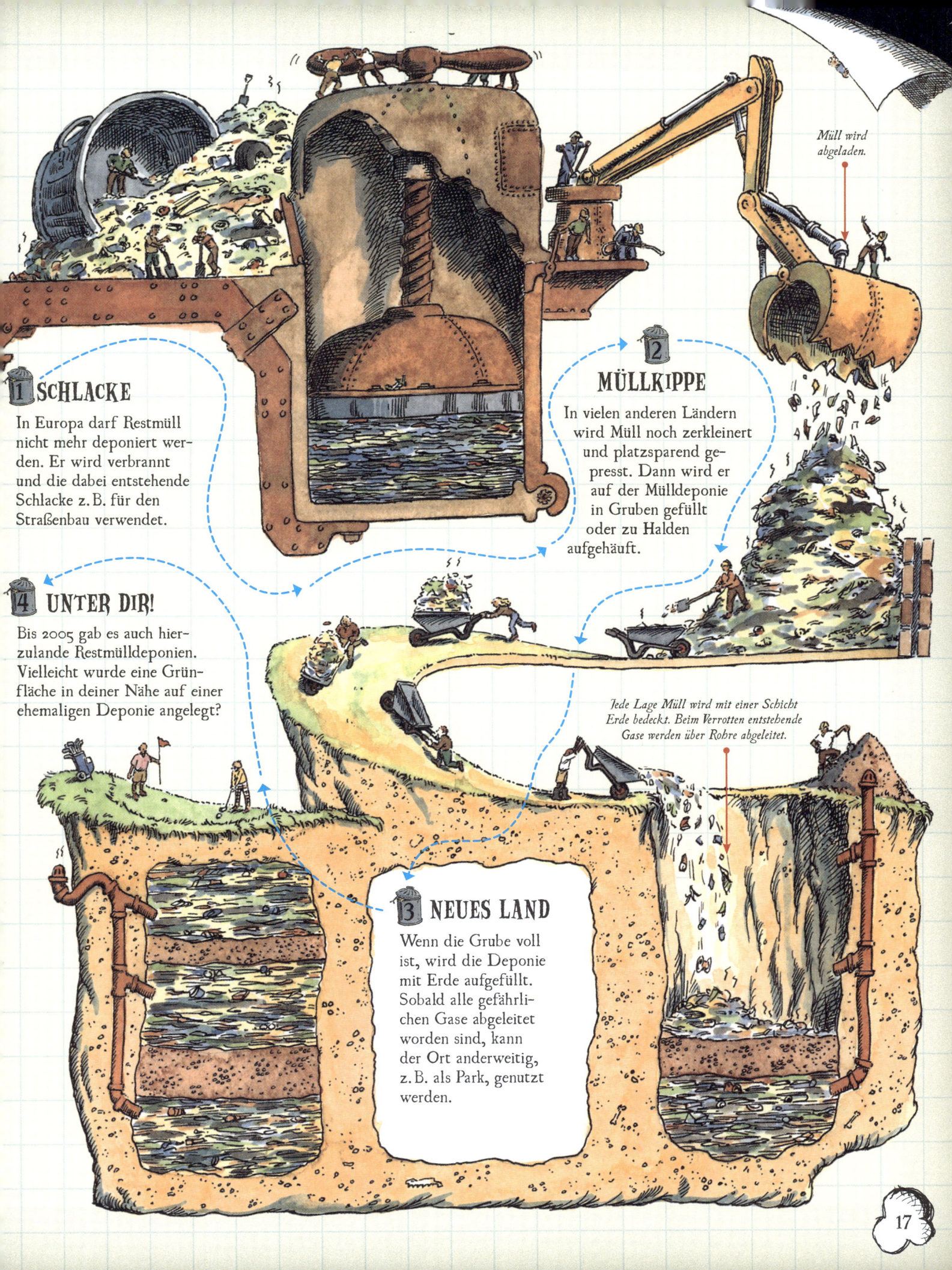

Müll wird abgeladen.

1 SCHLACKE

In Europa darf Restmüll nicht mehr deponiert werden. Er wird verbrannt und die dabei entstehende Schlacke z. B. für den Straßenbau verwendet.

2 MÜLLKIPPE

In vielen anderen Ländern wird Müll noch zerkleinert und platzsparend gepresst. Dann wird er auf der Mülldeponie in Gruben gefüllt oder zu Halden aufgehäuft.

4 UNTER DIR!

Bis 2005 gab es auch hierzulande Restmülldeponien. Vielleicht wurde eine Grünfläche in deiner Nähe auf einer ehemaligen Deponie angelegt?

Jede Lage Müll wird mit einer Schicht Erde bedeckt. Beim Verrotten entstehende Gase werden über Rohre abgeleitet.

3 NEUES LAND

Wenn die Grube voll ist, wird die Deponie mit Erde aufgefüllt. Sobald alle gefährlichen Gase abgeleitet worden sind, kann der Ort anderweitig, z. B. als Park, genutzt werden.

GROSSE BRIEFE

Sortierstation

MITTELGROSSE BRIEFE

KLEINE BRIEFE

Die Briefe laufen über ein Förderband.

Sortieren nach Größe

Adresse und Postleitzahl werden gelesen.

1 GROSS, MITTEL ODER KLEIN?

Ein Postmitarbeiter bringt die Briefe zu einer Sortierstation. Hier transportiert ein Förderband sie zu einer Sortiermaschine. Sie trennt die Briefe nach der Größe: klein, mittel oder groß. Eine Maschine überprüft, ob die richtigen Briefmarken auf den Briefen sind, eine andere stempelt die Post ab.

11 LETZTE SORTIERUNG

Schließlich erreicht dein Brief das zuständige Briefzentrum. Im örtlichen Postamt werden alle Briefe noch einmal sortiert, diesmal nach Zustellbezirken und Straßen. Jetzt ist die Post fertig für die Zustellung.

10 IM ZIELLAND

Je nachdem, wie weit ihr Bestimmungsort vom Postamt entfernt ist, werden die Briefe innerhalb eines Landes mit einem Lieferwagen oder Lkw, mit der Bahn oder sogar mit dem Flugzeug transportiert.

Jeder Postsack enthält die Post für einen bestimmten Zustellbezirk.

Die Auslieferung in die Städte und Ortschaften beginnt.

AB DIE POST!

Wenn du deinen Brief in den Briefkasten geworfen hast, beginnt die Arbeit der Post. Es gibt unterschiedliche Leerungszeiten für die Briefkästen, sodass dein Brief vielleicht eine Weile im Dunkeln auf die Abholung warten muss.

Briefkastenleerung

Normalerweise sind Briefkästen natürlich nicht durchsichtig!

Der Brief ist angekommen!

12 ZUSTELLUNG

Der Postsack enthält Post für Büros und Privathaushalte. Jeder Postbote erhält die Post für seinen Zustellbezirk. Manche liefern die Post mit dem Auto oder Lieferwagen aus, andere mit dem Fahrrad, viele auch zu Fuß.

Dein Brief kann innerhalb einer Woche um die halbe Welt reisen.

POST

Wie gelangt ein Brief, den du bei dir zu Hause abgeschickt hast, an die richtige Adresse, z. B. in Sydney in Australien? Das erfährst du auf diesen Seiten.

ADRESSE

Du musst die richtige Adresse mit Postleitzahl auf den Umschlag schreiben, sonst kommt dein Brief nie ans Ziel. In großen Städten wie Sydney hat jeder Straßenabschnitt eine eigene Postleitzahl. In manchen Ländern besteht sie aus Zahlen und Buchstaben. Auch der Absender, also deine eigene Adresse, gehört auf den Umschlag.

Wenn du keine Verwandten oder Freunde im Ausland hast, lass dir doch von deinen Eltern oder Lehrern bei der Suche nach einem Brieffreund helfen.

WIE GELANGT DEIN BRIEF ANS

Wenn du an einen Freund oder eine Freundin schreibst, kannst du mit „Liebe/Viele Grüße" und deinem Vornamen abschließen.

Wenn dein Brief an jemanden gerichtet ist, den du siezt, z. B. deinen Lehrer, schreibst du „Mit freundlichen Grüßen" und deinen Vor- und Nachnamen.

Wenn du an einen Freund oder eine Freundin schreibst, kannst du deinen Brief mit „Liebe(r)" und dem Vornamen des Adressaten anfangen.

Schreibe deine eigene Adresse oben auf den Brief, damit die Person, der du schreibst, weiß, wohin sie eine Antwort schicken soll. Vergiss das Datum nicht!

18

BRIEFMARKEN

Dein Brief wird nicht versandt, wenn er nicht ausreichend mit einer oder mehreren Briefmarken frankiert ist. Es kostet mehr, einen Brief ins Ausland zu schicken, als ihn im Inland zu versenden.

ANGEKOMMEN!

Es ist aufregend, einen Brief zu bekommen, vor allem wenn er von weit her kommt. Hier wird dein Brief in Sydney geöffnet, nachdem er um die halbe Welt gereist ist.

Beson- dere Briefe sind ein schönes Andenken.

Jedes Land hat seine eigenen Brief- marken.

Der Poststempel zeigt, wann der Brief aufgegeben wurde.

ANDERE ENDE DER WELT?

Nord- amerika

Atlantischer Ozean

Süd- amerika

Pazifischer Ozean

Europa

Berlin

Asien

Timbuktu

Afrika

Australien

Sydney

Du kannst Briefe in die ganze Welt schicken. Bei entlegenen Orten – wie Timbuktu in der Wüste Sahara – kann es allerdings lange dauern, bis ein Brief ankommt.

19

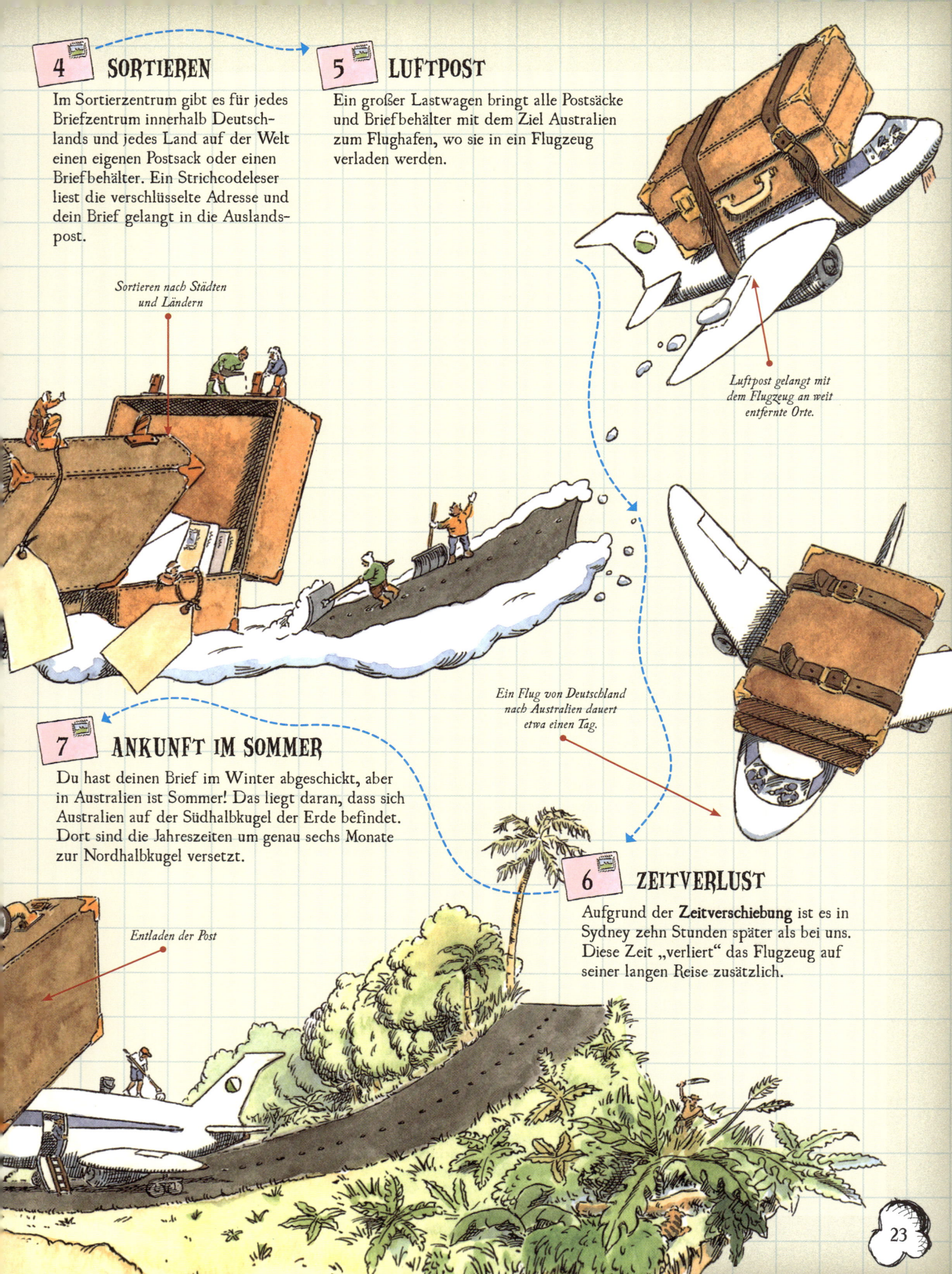

4 SORTIEREN

Im Sortierzentrum gibt es für jedes Briefzentrum innerhalb Deutschlands und jedes Land auf der Welt einen eigenen Postsack oder einen Briefbehälter. Ein Strichcodeleser liest die verschlüsselte Adresse und dein Brief gelangt in die Auslandspost.

5 LUFTPOST

Ein großer Lastwagen bringt alle Postsäcke und Briefbehälter mit dem Ziel Australien zum Flughafen, wo sie in ein Flugzeug verladen werden.

Sortieren nach Städten und Ländern

Luftpost gelangt mit dem Flugzeug an weit entfernte Orte.

Ein Flug von Deutschland nach Australien dauert etwa einen Tag.

7 ANKUNFT IM SOMMER

Du hast deinen Brief im Winter abgeschickt, aber in Australien ist Sommer! Das liegt daran, dass sich Australien auf der Südhalbkugel der Erde befindet. Dort sind die Jahreszeiten um genau sechs Monate zur Nordhalbkugel versetzt.

Entladen der Post

6 ZEITVERLUST

Aufgrund der **Zeitverschiebung** ist es in Sydney zehn Stunden später als bei uns. Diese Zeit „verliert" das Flugzeug auf seiner langen Reise zusätzlich.

2 WOHIN?

Eine Maschine mit **Texterkennung** scannt die Anschrift und übermittelt die Daten an einen Strichcodedrucker, der die Buchstabenbotschaft als Strichcode auf den Brief druckt.

Der Strichcode wird gedruckt.

3 STRICHCODE

Der Strichcodedrucker druckt eine Abfolge von dünnen Strichen in bestimmten Abständen. Dieser Code zeigt die Zieladresse an. Lesen können ihn nur spezielle Geräte, die man Strichcodeleser nennt.

Der Strichcode wird abgelesen.

STRICH-CODE-DRUCKER

9 WOHIN JETZT?

Ein Strichcodeleser scannt den Strichcode, um die Zieladresse herauszufinden. Dann wirft die Maschine jeden Brief in einen Postsack oder eine Postkiste, die für den jeweiligen Zielort bestimmt ist.

Die Briefe werden nach Bestimmungsorten sortiert.

Sydney

Alice Springs

Melbourne

8 AUSTRALIEN

Die Post wird aus dem Flugzeug ausgeladen und per Lastwagen zu einem anderen Postamt gebracht. Jetzt befindet sich der Brief in den Händen der australischen Post.

Sortierstation in Australien

MIKROWELLE

Ein Mikrowellenherd – so lautet die korrekte Bezeichnung – erhitzt Essen im Bruchteil der Zeit, die ein normaler Herd braucht. Das Gerät selbst wird dabei nicht heiß, sondern feuert energiereiche **Mikrowellen** ab.

WAS SIND MIKROWELLEN?

Mikrowellen sausen mit Lichtgeschwindigkeit (299 792 Kilometer pro Sekunde) durch die Luft – oder durch dein Essen. Mikrowellen aus dem All treffen uns ständig, aber sie sind schwach und haben keine Auswirkungen. Die Energie in einem Mikrowellenherd ist viel höher.

KOCHEN MIT WELLEN

Mikrowellen versetzen Wassermoleküle, die sich im Essen befinden, in Schwingung. Je schneller sich die Moleküle bewegen, desto wärmer wird das Essen.

1 KALT

In kaltem Wasser bewegen sich die einzelnen Wassermoleküle nur langsam.

2 WARM

Wenn Mikrowellen das Essen durchdringen, bewegen sich die Wassermoleküle in unterschiedliche Richtungen.

3 HEISS

Die sich schnell bewegenden **Moleküle** erzeugen Wärme, die sich im Essen ausbreitet und es gart.

Garraumverkleidung

4 VON INNEN

Die Mikrowellen dringen in das Essen ein und bringen es dazu, sich zu erwärmen, sodass es von innen heraus kocht. In einem Backofen wird dagegen die Luft um das Essen herum erwärmt.

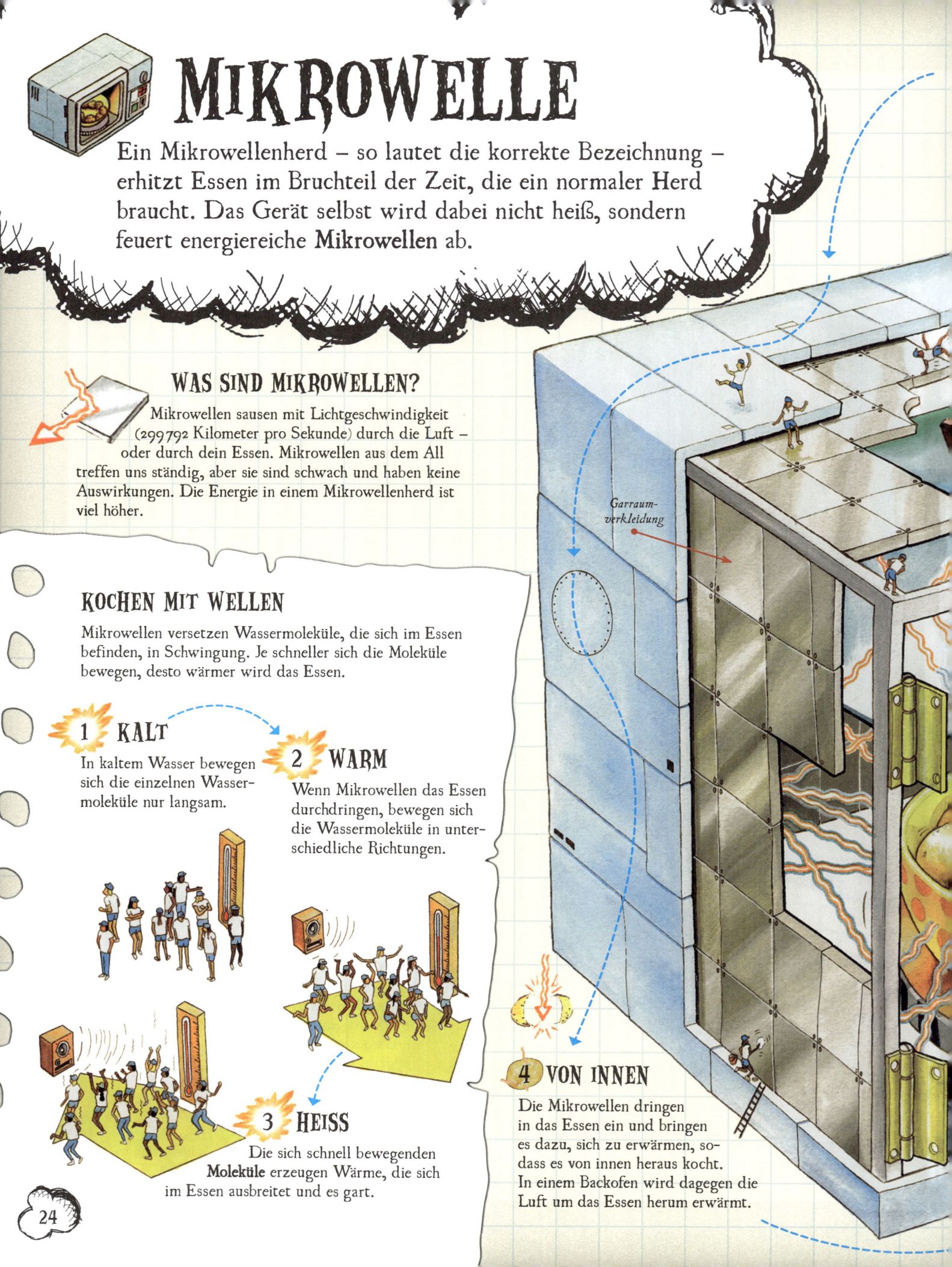

3 STREUUNG

Mikrowellen können Metall nicht durchdringen. Deshalb prallen sie an den Ventilatorflügeln ab und schießen im Garraum in alle Richtungen.

Ventilatorflügel

Reflektierter Mikrowellenstrahl

2 MAGNETRON

Beim Anschalten erzeugt ein Magnetron mithilfe von elektrischem Strom einen Mikrowellenstrahl. Dieser trifft auf einen sich drehenden Ventilator aus Metall.

Mikrowellen verlassen das Magnetron.

Der Timer kann auf Minuten und Sekunden eingestellt werden.

Zum Starten drücken

Der Elektromotor treibt Ventilator und Drehteller an.

1 GARZEIT

Bevor du den Anschaltknopf drückst, musst du die Garzeit einstellen. Dabei musst du beachten, dass Mikrowellen im Vergleich zu einem normalen Herd sehr schnell garen.

Keilriemen

Durch die langsame Drehung des Drehtellers wird das Essen gleichmäßig gegart.

5 SCHUTZSCHICHT

Die **Isolierung** verhindert, dass Mikrowellen nach außen dringen. Das wäre nicht nur Energieverschwendung. Die Mikrowellen könnten auch jemanden in der Nähe schädigen.

KÜHLSCHRANK

Ein Kühlschrank ist sehr wichtig, weil er Nahrungsmittel kühl hält und so verhindert, dass sie schlecht werden. Normalerweise siehst du die Rückseite eines Kühlschranks nicht, doch hier bekommst du einen Blick auf die Technik.

In einem Kühlschrank wird ständig Kühlflüssigkeit durch ein langes Rohrsystem gepumpt. Unterwegs geht das Kühlmittel vom flüssigen in den gasförmigen Zustand über und von diesem wieder in den flüssigen. Wenn das Kühlmittel gasförmig wird, nimmt der Kühlschrank Wärme von den Nahrungsmitteln auf. Wenn es wieder flüssig wird, gibt er die Wärme nach außen ab.

ZU KALT FÜR KEIME

Wenn es warm ist, können sich Bakterien schnell vermehren und Nahrungsmittel verderben. In einem Kühlschrank können sie sich nur sehr langsam vermehren, das Essen bleibt länger frisch.

1 ABKÜHLUNG

Wenn du schwimmen warst und dich danach nicht abtrocknest, fängst du an zu frieren. Das liegt daran, dass das von deinem Körper erwärmte Wasser auf deiner Haut **verdunstet**. Diese Wärme wird deinem Körper entzogen. Ähnliches passiert in einem Kühlschrank: Er wird kalt, wenn ein Kühlmittel Wärme aus seinem Inneren aufnimmt und nach außen abgibt.

2 DER KREISLAUF BEGINNT

Ein Kompressor drückt das flüssige Kühlmittel in ein Röhrensystem, Verdampfer genannt. Dabei muss das Mittel durch ein enges **Ventil**, die Drossel. Im Verdampfer nimmt die Flüssigkeit Wärme aus dem Gefrierfach auf und **verdampft**. Das Gefrierfach kühlt sich ab und der Inhalt wird sehr kalt.

3 ZURÜCK ZUM KOMPRESSOR

Das Kühlmittel strömt aus dem Gefrierabteil und nimmt dabei die vom Gefriergut abgegebene Wärme mit. Es strömt weiter zum **Kompressor**, einer Pumpe, die **Druck** auf das Kühlmittel ausübt. Dadurch wird es gasförmig.

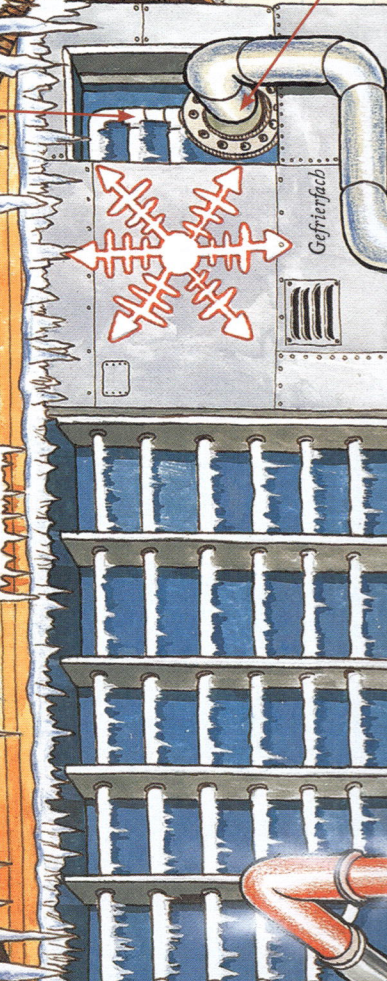

Drossel-ventil

Gefrierfach

Das flüssige Kühlmittel dehnt sich im Verdampfer aus und wird gasförmig.

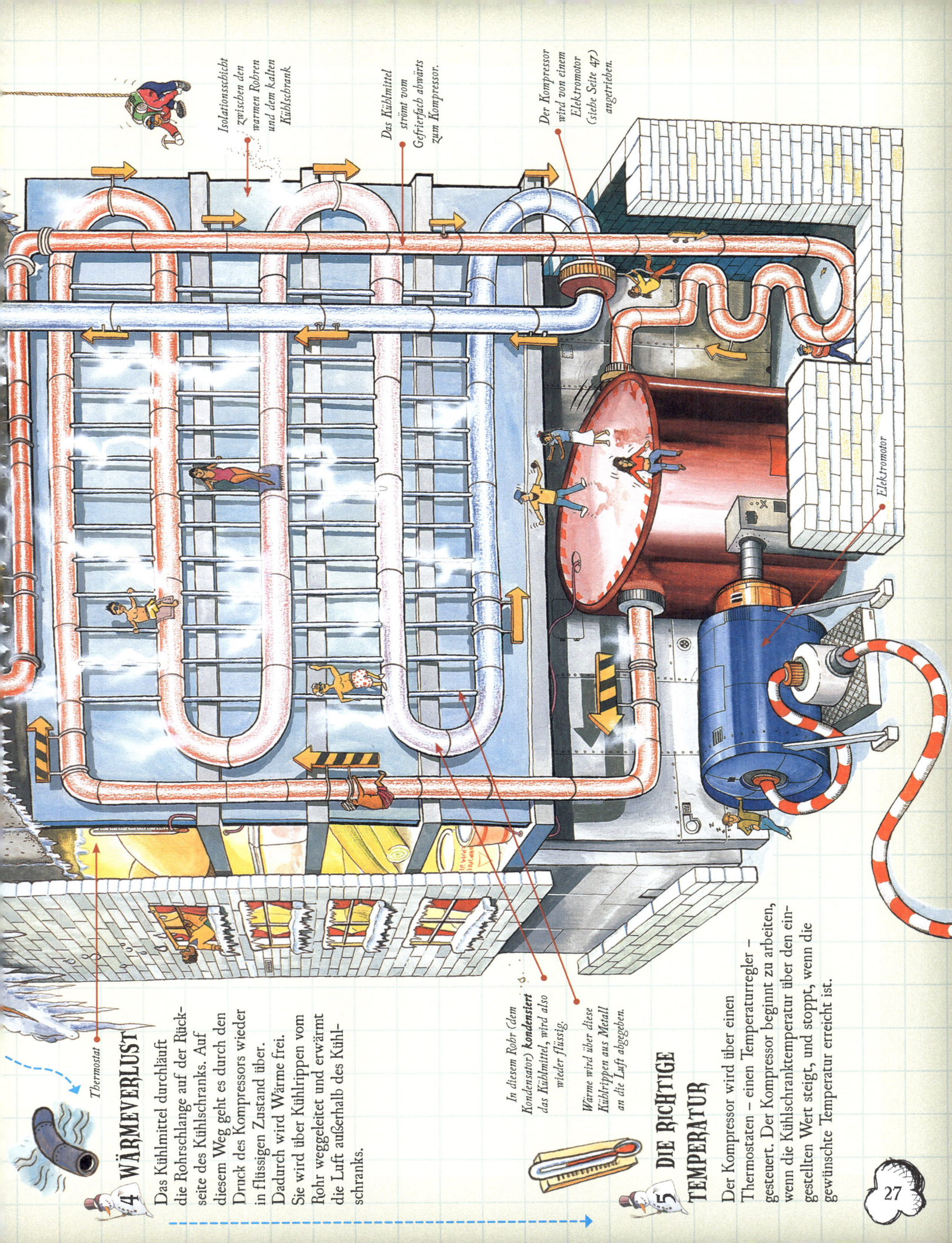

Isolationsschicht zwischen den warmen Robren und dem kalten Kühlschrank

Das Kühlmittel strömt vom Gefrierfach abwärts zum Kompressor.

Der Kompressor wird von einem Elektromotor (siehe Seite 47) angetrieben.

Elektromotor

Thermostat

In diesem Rohr (dem Kondensator) kondensiert das Kühlmittel, wird also wieder flüssig.

Wärme wird über diese Kühlrippen aus Metall an die Luft abgegeben.

4 WÄRMEVERLUST

Das Kühlmittel durchläuft die Rohrschlange auf der Rückseite des Kühlschranks. Auf diesem Weg geht es durch den Druck des Kompressors wieder in flüssigen Zustand über. Dadurch wird Wärme frei. Sie wird über Kühlrippen vom Rohr weggeleitet und erwärmt die Luft außerhalb des Kühlschranks.

5 DIE RICHTIGE TEMPERATUR

Der Kompressor wird über einen Thermostaten – einen Temperaturregler – gesteuert. Der Kompressor beginnt zu arbeiten, wenn die Kühlschranktemperatur über den eingestellten Wert steigt, und stoppt, wenn die gewünschte Temperatur erreicht ist.

WASCHMASCHINE

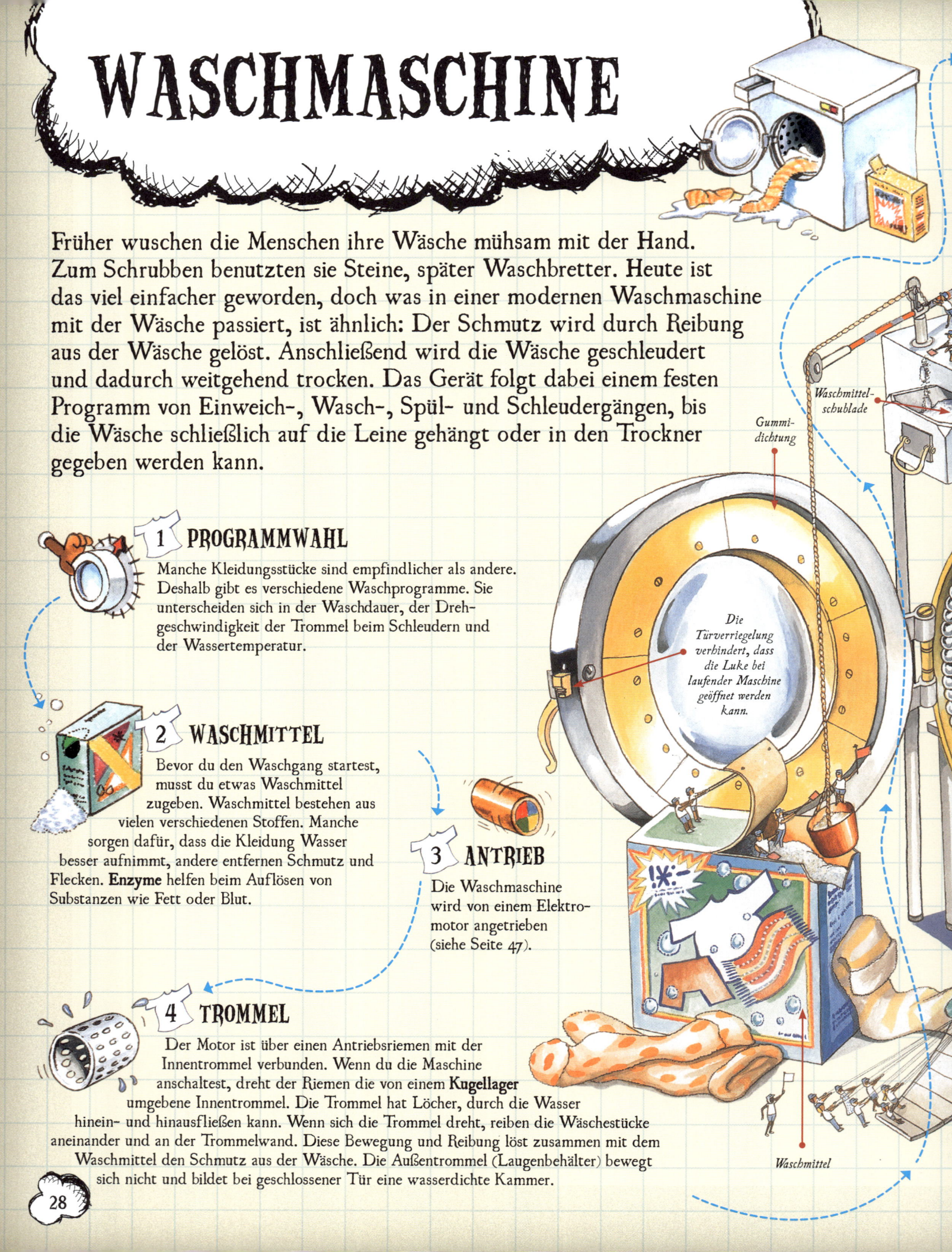

Früher wuschen die Menschen ihre Wäsche mühsam mit der Hand. Zum Schrubben benutzten sie Steine, später Waschbretter. Heute ist das viel einfacher geworden, doch was in einer modernen Waschmaschine mit der Wäsche passiert, ist ähnlich: Der Schmutz wird durch Reibung aus der Wäsche gelöst. Anschließend wird die Wäsche geschleudert und dadurch weitgehend trocken. Das Gerät folgt dabei einem festen Programm von Einweich-, Wasch-, Spül- und Schleudergängen, bis die Wäsche schließlich auf die Leine gehängt oder in den Trockner gegeben werden kann.

1 PROGRAMMWAHL

Manche Kleidungsstücke sind empfindlicher als andere. Deshalb gibt es verschiedene Waschprogramme. Sie unterscheiden sich in der Waschdauer, der Drehgeschwindigkeit der Trommel beim Schleudern und der Wassertemperatur.

2 WASCHMITTEL

Bevor du den Waschgang startest, musst du etwas Waschmittel zugeben. Waschmittel bestehen aus vielen verschiedenen Stoffen. Manche sorgen dafür, dass die Kleidung Wasser besser aufnimmt, andere entfernen Schmutz und Flecken. **Enzyme** helfen beim Auflösen von Substanzen wie Fett oder Blut.

3 ANTRIEB

Die Waschmaschine wird von einem Elektromotor angetrieben (siehe Seite 47).

4 TROMMEL

Der Motor ist über einen Antriebsriemen mit der Innentrommel verbunden. Wenn du die Maschine anschaltest, dreht der Riemen die von einem **Kugellager** umgebene Innentrommel. Die Trommel hat Löcher, durch die Wasser hinein- und hinausfließen kann. Wenn sich die Trommel dreht, reiben die Wäschestücke aneinander und an der Trommelwand. Diese Bewegung und Reibung löst zusammen mit dem Waschmittel den Schmutz aus der Wäsche. Die Außentrommel (Laugenbehälter) bewegt sich nicht und bildet bei geschlossener Tür eine wasserdichte Kammer.

Waschmittel-schublade

Gummi-dichtung

Die Türverriegelung verhindert, dass die Luke bei laufender Maschine geöffnet werden kann.

Waschmittel

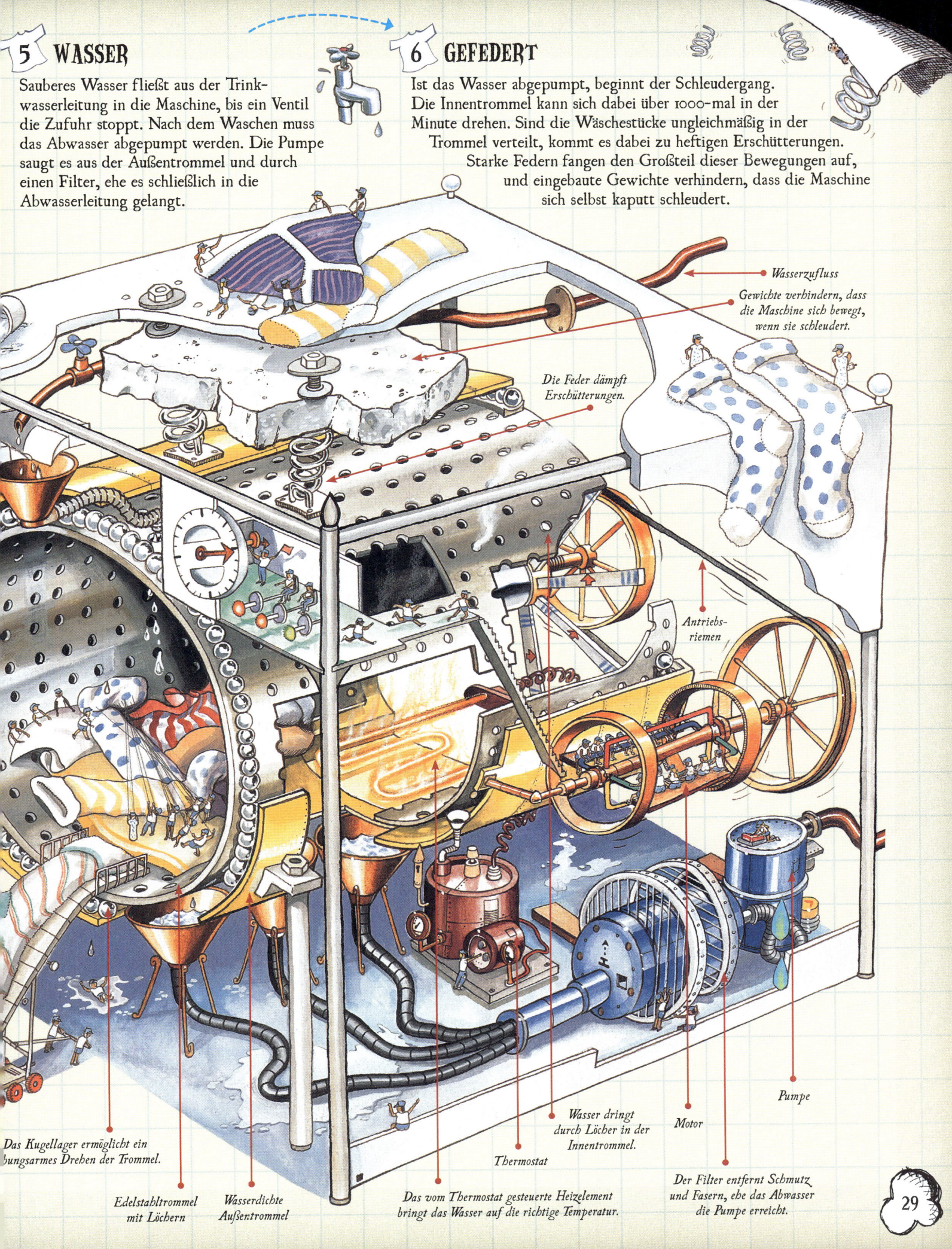

5 WASSER

Sauberes Wasser fließt aus der Trinkwasserleitung in die Maschine, bis ein Ventil die Zufuhr stoppt. Nach dem Waschen muss das Abwasser abgepumpt werden. Die Pumpe saugt es aus der Außentrommel und durch einen Filter, ehe es schließlich in die Abwasserleitung gelangt.

6 GEFEDERT

Ist das Wasser abgepumpt, beginnt der Schleudergang. Die Innentrommel kann sich dabei über 1000-mal in der Minute drehen. Sind die Wäschestücke ungleichmäßig in der Trommel verteilt, kommt es dabei zu heftigen Erschütterungen. Starke Federn fangen den Großteil dieser Bewegungen auf, und eingebaute Gewichte verhindern, dass die Maschine sich selbst kaputt schleudert.

Wasserzufluss

Gewichte verhindern, dass die Maschine sich bewegt, wenn sie schleudert.

Die Feder dämpft Erschütterungen.

Antriebsriemen

Pumpe

Motor

Wasser dringt durch Löcher in der Innentrommel.

Thermostat

Das Kugellager ermöglicht ein ...bungsarmes Drehen der Trommel.

Edelstahltrommel mit Löchern

Wasserdichte Außentrommel

Das vom Thermostat gesteuerte Heizelement bringt das Wasser auf die richtige Temperatur.

Der Filter entfernt Schmutz und Fasern, ehe das Abwasser die Pumpe erreicht.

TOASTER

Ein Toaster röstet das Brot goldbraun und schaltet sich automatisch ab, wenn die Scheiben den richtigen Bräunungsgrad erreicht haben. Aber woher „weiß" der Toaster das? Bei diesem Gerät wurden die Seitenteile entfernt, sodass du hineinblicken kannst. Siehst du den Bimetall-Streifen? Wenn er warm wird, verändert er seine Form. Hat er eine bestimmte Krümmung erreicht, löst das eine Kettenreaktion aus, die den Toast nach oben springen lässt.

ELEKTRONISCH

Es gibt auch elektronisch gesteuerte Toaster mit einer Zeitschaltuhr (Timer). Sie betätigt nach der gewünschten Zeit einen Schalter, der den Elektromagneten aktiviert.

ANZIEHEND

Um den Elektromagneten entsteht ein starkes Magnetfeld, das die Klinke anzieht.

SPRUNGBEREIT

Die vom Magnetfeld angezogene Metallklinke löst sich von der Schiene, die wiederum das Brotgestell freigibt. Der Toast schießt nach oben.

HEISSE SACHE

Wenn du den Brotheber nach unten drückst, spannst du ein Paar Metall-federn. Dadurch verhakt sich eine Metallklinke unter einer Metall-schiene, die wiederum das Brot-gestell unten hält. Über die Metallkontakte kann nun Strom fließen, der die Heizdrähte aktiviert.

Die Heizdrähte sitzen auf hitzebeständigen Platten. Sie reflektieren die Hitze Richtung Toast und verhindern gleichzeitig, dass Wärme nach außen dringt.

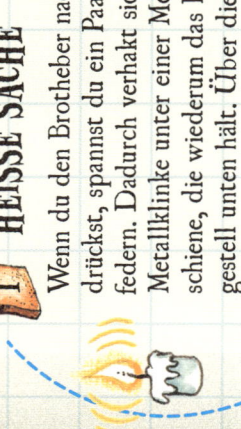

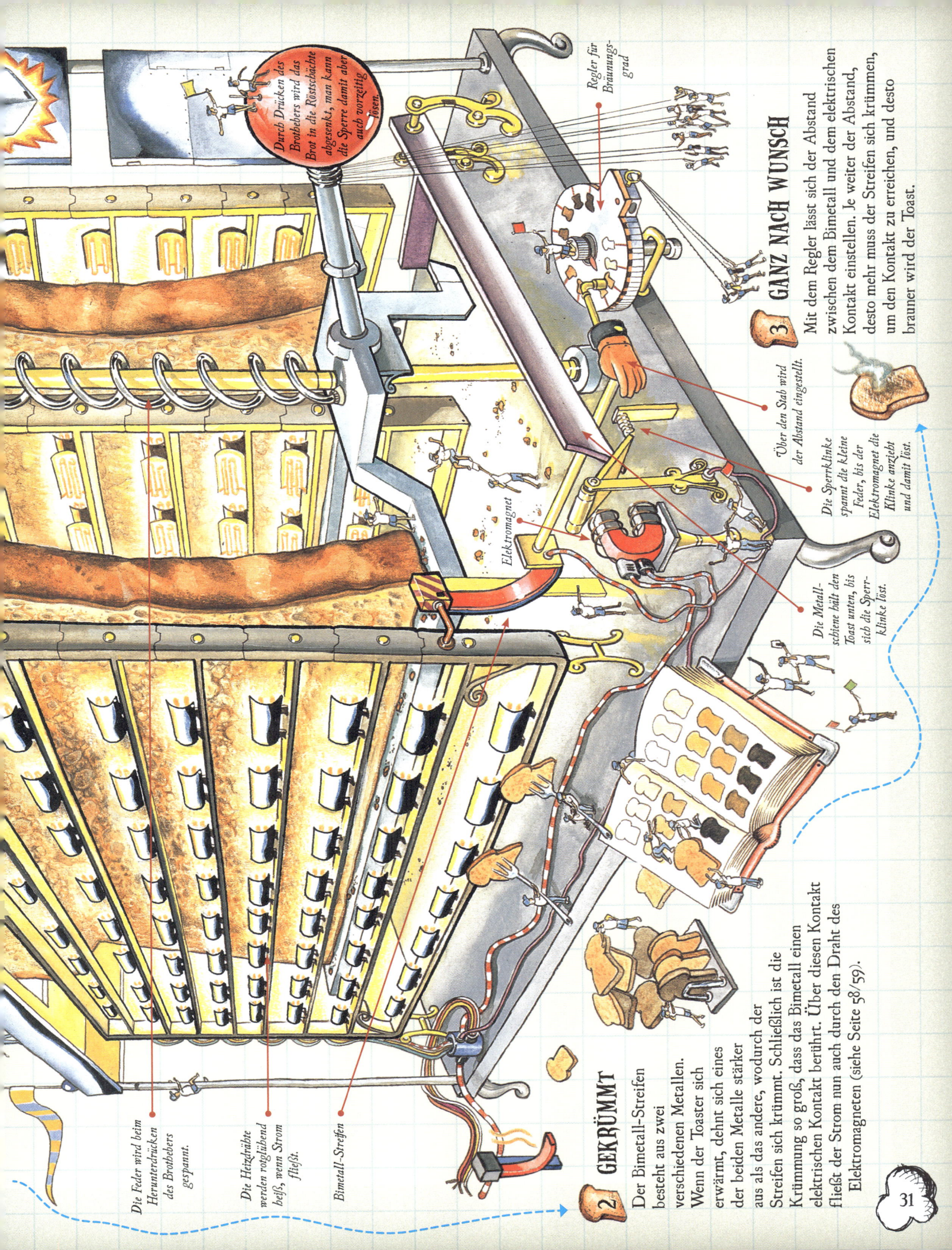

Durch Drücken des Brothebers wird das Brot in die Röstschächte abgesenkt, man kann damit die Sperre aber auch vorzeitig lösen.

3 GANZ NACH WUNSCH

Mit dem Regler lässt sich der Abstand zwischen dem Bimetall und dem elektrischen Kontakt einstellen. Je weiter der Abstand, desto mehr muss der Streifen sich krümmen, um den Kontakt zu erreichen, und desto brauner wird der Toast.

Über den Stab wird der Abstand eingestellt.

Die Sperrklinke spannt die kleine Feder, bis der Elektromagnet die Klinke anzieht und damit löst.

Elektromagnet

Die Metall-schiene hält den Toast unten, bis sich die Sperr-klinke löst.

2 GEKRÜMMT

Der Bimetall-Streifen besteht aus zwei verschiedenen Metallen. Wenn der Toaster sich erwärmt, dehnt sich eines der beiden Metalle stärker aus als das andere, wodurch der Streifen sich krümmt. Schließlich ist die Krümmung so groß, dass das Bimetall einen elektrischen Kontakt berührt. Über diesen Kontakt fließt der Strom nun auch durch den Draht des Elektromagneten (siehe Seite 58/59).

Die Feder wird beim Herunterdrücken des Brothebers gespannt.

Die Heizdrähte werden rotglühend heiß, wenn Strom fließt.

Bimetall-Streifen

31

KÜCHENMASCHINE

Manche Arbeiten in der Küche erfordern viel Zeit, wenn man sie mit der Hand macht, z. B. Käse reiben, Teig rühren oder Karotten raspeln. Eine Küchenmaschine erledigt das viel schneller. Sie kann in Sekundenschnelle schneiden, Saft pressen, kneten, mischen oder raspeln.

Eine einfache Vorrichtung am Deckel des Geräts verhindert Unfälle. Dort befindet sich ein Sicherheitsriegel, der fest einrasten muss. Erst dann kann Strom durch den Motor fließen. Nimmt man aber den Deckel ab oder sitzt er nicht richtig, läuft der Motor nicht.

EINSCHALTEN

Ein Elektromotor (siehe Seite 47) sorgt dafür, dass sich die Schneid- oder Mixeinsätze bewegen. Mit nur etwa einem Hundertstel der Leistung eines Automotors kann die Maschine fast alle Nahrungsmittel zerkleinern.

GESCHWINDIGKEIT

Die Geschwindigkeit des Motors wird durch die Stromleistung bestimmt. Stellt man den Regler auf die niedrigste Stufe, fließt nur ein schwacher Strom durch den Motor, auf der höchsten Stufe ist der Strom stärker und der Motor dreht sich schneller.

Elektromotor

Sicherheitsriegel

Geschwindigkeitsregler

Stromversorgung

Keilriemen

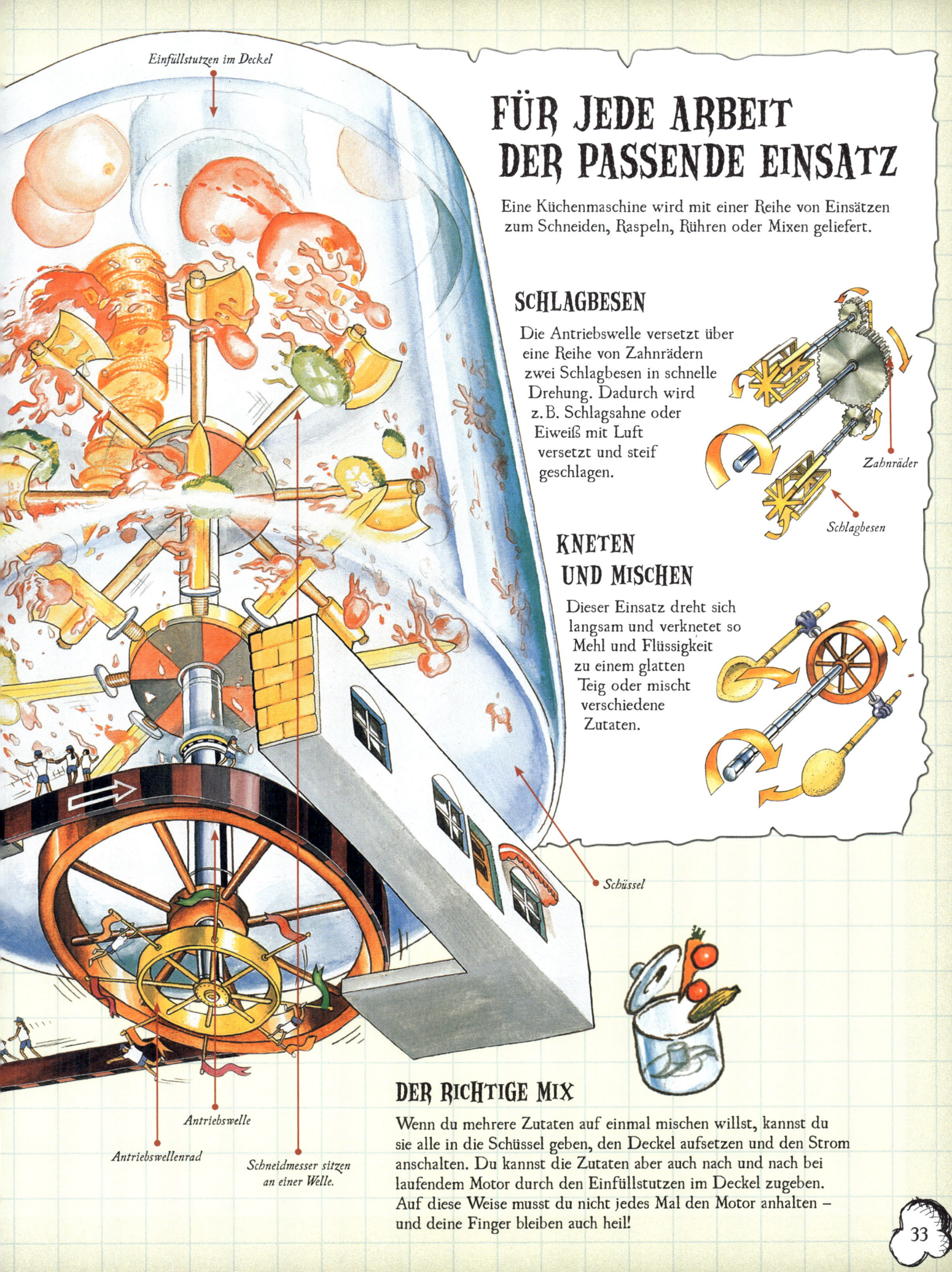

Einfüllstutzen im Deckel

FÜR JEDE ARBEIT DER PASSENDE EINSATZ

Eine Küchenmaschine wird mit einer Reihe von Einsätzen zum Schneiden, Raspeln, Rühren oder Mixen geliefert.

SCHLAGBESEN

Die Antriebswelle versetzt über eine Reihe von Zahnrädern zwei Schlagbesen in schnelle Drehung. Dadurch wird z.B. Schlagsahne oder Eiweiß mit Luft versetzt und steif geschlagen.

Zahnräder

Schlagbesen

KNETEN UND MISCHEN

Dieser Einsatz dreht sich langsam und verknetet so Mehl und Flüssigkeit zu einem glatten Teig oder mischt verschiedene Zutaten.

Schüssel

Antriebswelle

Antriebswellenrad

Schneidmesser sitzen an einer Welle.

DER RICHTIGE MIX

Wenn du mehrere Zutaten auf einmal mischen willst, kannst du sie alle in die Schüssel geben, den Deckel aufsetzen und den Strom anschalten. Du kannst die Zutaten aber auch nach und nach bei laufendem Motor durch den Einfüllstutzen im Deckel zugeben. Auf diese Weise musst du nicht jedes Mal den Motor anhalten – und deine Finger bleiben auch heil!

ZEIT FÜR PIZZA

Eine Stunde auf deine Pizza zu warten kommt dir vor wie eine Ewigkeit? Die Produktion und der Transport der Zutaten dauern sogar ein ganzes Jahr!

1 AUF BESTELLUNG

Gleich nachdem du deine Pizza bestellt hast, legen die Pizzabäcker los: Zuerst werden Hefe, Zucker, Wasser und ein bisschen Mehl angesetzt. Dann muss der Vorteig ruhen.

Die Zutaten werden aus dem Lager geholt.

Hefe

Mehl

Wasser

3 LUFTIG LEICHT

Der Vorteig wird nun mit Olivenöl, etwas Salz und noch mehr Mehl zu einem Teig verarbeitet. Die Bläschen sind wie Millionen kleiner Luftballons. Sie machen den Teig leicht und luftig. Ohne sie wäre die Pizza fest und schwer.

2 ES GÄRT!

Hefe vergärt den Zucker. Bei dieser **Gärung** entstehen Alkohol und Kohlendioxid, das die Bläschen im Teig bildet.

Die Hefe-mischung gärt.

Zucker

Hefemischung

Olivenöl

Salz

Mehl

4 KNETEN

Der Teig wird auf ein Brett gelegt und geknetet, bis er weich und glatt ist.

Teig

Mischen der Teigzutaten

Kneten des Pizzateigs

ZUTATEN FÜR DEN PIZZATEIG

WEIZEN

Weizen wird ausgesät und gemäht, wenn er reif ist.

Dreschen

Beim Worfeln wird die Spreu weg geblasen.

Die Weizenkörner werden in der Mühle zu feinem Mehl gemahlen. Früher benutzte man dafür schwere Steine.

SALZ

Steinsalz wird unter Tage in Bergwerken abgebaut.

Die Salzblöcke werden gemahlen. Die kleinen Salzkristalle werden dann getrocknet und abgepackt.

In der Pizzeria wird das Salz für den Gebrauch in Salzstreuer gefüllt.

HEFE

Hefe ist ein Pilz. Er wird in warmen Tanks gezüchtet.

Die fertige Hefe wird aus dem Tank entnommen, getrocknet und in Würfel geschnitten.

Die Hefewürfel werden für den Verkauf abgepackt.

OLIVENÖL

Olivenbäume wachsen in warmen Ländern.

Die Oliven werden gepflückt und in einer Schraubpresse gepresst.

Der Saft aus den Oliven wird in Flaschen abgefüllt. Das ist das Olivenöl.

Das Öl wird an die Pizzeria geliefert.

ZUCKER

Zucker wird aus Zuckerrohr oder – wie bei uns – aus Zuckerrüben gewonnen.

Das Zuckerrohr wird ausgepresst. Der gewonnene Saft wird so lange gekocht, bis das Wasser verdampft ist. Zurück bleiben die Zuckerkristalle.

Zuckerblöcke werden in Würfel geschnitten.

PIZZABRINGDIENST

Hierzulande ist es kein Problem, sich fertige Mahlzeiten direkt nach Hause liefern zu lassen. Wenn du per Telefon oder online eine Pizza bestellst, stellt die Pizzeria dir deine Wunschpizza mit Zutaten aus aller Welt zusammen, backt sie und liefert sie in weniger als einer Stunde zu dir nach Hause. Und so geht's:

ESSEN AUF WELTREISE

Früher ernährten sich die Menschen ausschließlich von dem, was vor Ort angebaut und erzeugt wurde. In vielen Regionen der Welt ist das bis heute so. Du hast hingegen die Möglichkeit, Essen aus aller Welt zu bekommen. Dein Orangensaft zum Frühstück kommt vielleicht aus Florida, die Kiwi in deinem Obstsalat aus Neuseeland, der Weizen für dein Brot aus Polen, die Butter aus Irland und die Aprikosen in der Marmelade aus Spanien.

WIE KANN DIE PIZZERIA SO SCHNELL LIEFERN?

WAS DARF ES SEIN?

Neben Pizza kannst du dir auch Pasta, Burger, Aufläufe, Salate und noch viele andere Gerichte nach Hause liefern lassen. Die Qual der Wahl! Wir haben uns für eine Pizza mit Käse, Tomaten und extra Sardellen entschieden. Wenn du das nicht magst – kein Problem: Auf der Speisekarte ist für jeden Geschmack etwas dabei.

Margherita

Vegetaria

Meeresfrüchte

Schinken & Champignons

Hähnchen

Extra scharf

Bolognese

Vier Käse

Ein Blick auf die Speisekarte lässt dir das Wasser im Mund zusammenlaufen, oder? Also greif zum Telefon und gib deine Bestellung auf!

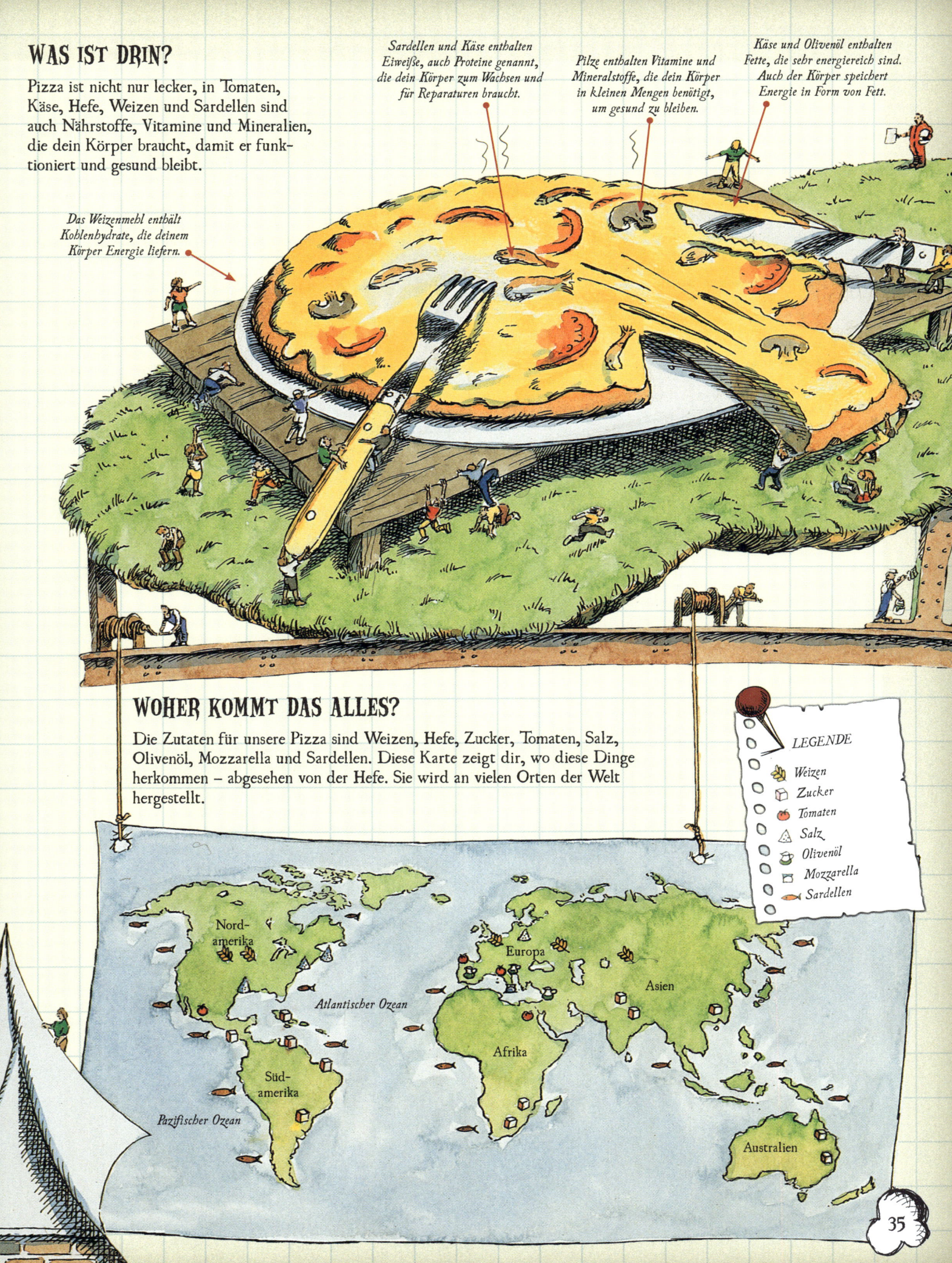

WAS IST DRIN?

Pizza ist nicht nur lecker, in Tomaten, Käse, Hefe, Weizen und Sardellen sind auch Nährstoffe, Vitamine und Mineralien, die dein Körper braucht, damit er funktioniert und gesund bleibt.

Sardellen und Käse enthalten Eiweiße, auch Proteine genannt, die dein Körper zum Wachsen und für Reparaturen braucht.

Pilze enthalten Vitamine und Mineralstoffe, die dein Körper in kleinen Mengen benötigt, um gesund zu bleiben.

Käse und Olivenöl enthalten Fette, die sehr energiereich sind. Auch der Körper speichert Energie in Form von Fett.

Das Weizenmehl enthält Kohlenhydrate, die deinem Körper Energie liefern.

WOHER KOMMT DAS ALLES?

Die Zutaten für unsere Pizza sind Weizen, Hefe, Zucker, Tomaten, Salz, Olivenöl, Mozzarella und Sardellen. Diese Karte zeigt dir, wo diese Dinge herkommen – abgesehen von der Hefe. Sie wird an vielen Orten der Welt hergestellt.

LEGENDE

Weizen
Zucker
Tomaten
Salz
Olivenöl
Mozzarella
Sardellen

Nordamerika
Europa
Asien
Atlantischer Ozean
Afrika
Südamerika
Pazifischer Ozean
Australien

9 HANDLICHE STÜCKE

Der Pizzabäcker legt die Pizza in einen Karton, manchmal schneidet er sie schon in Stücke. Jetzt muss es schnell gehen!

10 TRANSPORT-FERTIG

Ein Pizzabote holt den Karton aus der Küche, prüft deine Adresse und liefert die Pizza an die Haustür.

8 HEISSE PIZZA

Wenn die Pizza aus dem Ofen kommt, ist der Boden durchgebacken und der Belag dampfend heiß.

Die Pizza muss nur acht bis 15 Minuten backen.

7 BACKE, BACKE PIZZA!

Die Pizza wird in einem speziellen Pizzaofen gebacken, in dem sie gleichmäßig durchbäckt. Die Bläschen im Teig werden größer, wenn sie wärmer werden, und lassen die Pizza aufgehen.

Fertig für den Ofen

6 BELAG

Zuunterst kommt meist Tomatensoße. Darauf werden die anderen Zutaten verteilt, hier Mozzarella und Sardellen.

Tomatensoße

Sardellen

Mozzarella

Der Teig kann nun belegt werden.

5 TEIGSCHEIBE

Wenn der Teig fertig ist, wird er zu einer runden Platte geformt. Ein geübter Pizzabäcker dreht sie in der Luft auf nur einem Finger!

11 DING DONG!

Endlich, es klingelt an der Tür! Es ist der Pizzabote mit deiner Lieblingspizza – frisch gebacken, lecker duftend und fertig zum Verspeisen. Guten Appetit!

Die Pizza ist da!

Yippie!

Hab ich einen Hunger!

ZUTATEN FÜR DEN BELAG

Der Käsebruch wird von der Molke getrennt und in eine Form gepresst, wo er reifen kann.

Wenn die Milch gerinnt, bilden sich fester Käsebruch und Molke.

MOZZARELLA

Kuhmilch wird erhitzt, um Keime abzutöten.

Die Käsekugeln werden normalerweise in Plastikbeuteln mit Salzlake verkauft, damit sie frisch bleiben.

TOMATEN

Reife Tomaten werden von Stauden gepflückt.

Sie werden gekocht, passiert und mit Gewürzen zu einer Soße verarbeitet.

Die heiße Soße wird in Dosen abgefüllt.

SARDELLEN

Sardellen werden mit feinmaschigen Netzen im Meer gefangen und in Fischfabriken gebracht. Dort werden sie aufgeschnitten und entgrätet.

Fischfabrik

Pflanzenöl wird zugegeben, damit der Fisch lange haltbar bleibt.

Konservendose

STAUBSAUGER

Jeden Tag rund um die Uhr häuft sich bei dir zu Hause Staub an. Ein Teil davon gelangt ins Haus, wenn du Türen und Fenster öffnest, aber das meiste besteht aus winzigen Fasern, die sich von Kleidungsstücken lösen, und aus Hautschuppen, die du und andere Menschen ständig verlieren. Wenn man den Staub nicht wegputzt, lagert er sich bald auf allen Flächen im Haus ab. Glücklicherweise gibt es eine einfache Möglichkeit, ihn loszuwerden. Der Staubsauger saugt die Staubteilchen in einen Beutel, den man, wenn er voll ist, wegwerfen kann.

5) AUFGEBLÄHT

Immer wenn der Staubsauger angestellt wird, bläht sich der Beutel auf wie ein Ballon, weil der Luftdruck im Beutel höher ist als in der Umgebung.

6) EIN BEUTEL VOLL STAUB

Der Staubsaugerbeutel besteht aus einem Material, das die Luft durchlässt, aber Schmutz- und Staubteilchen zurückhält. Je voller der Beutel, desto schwieriger wird es für die Luft, hindurchzuströmen. Es wird weniger Sog erzeugt und der Staubsauger reinigt nicht mehr so gut.

4) IM STAUBRAUM

Bei diesem Staubsauger befindet sich der Beutel zusammen mit einem Filter in einem Fach oben im Gerät. Dieser sogenannte Staubraum ist luftdicht, aber der Beutel hat feine Poren. Durch sie kann die Luft zu einem darunterliegenden Gebläse strömen. Wenn du den Staubsauger einschaltest, zieht das Gebläse die Luft aus dem Fach und erzeugt so einen Unterdruck. Es entsteht ein Sog, der Luft und Schmutz durch das Saugrohr in den Beutel saugt.

3) BEWEGTER STAUB

Sobald der Staub vom Teppich abgesaugt ist, wird er ins Rohr gezogen und gelangt von dort in den Staubsaugerbeutel.

Ein/Aus-Schalter

Luftdichtes Fach (Staubraum)

Saugrohr

Ein Filter stellt sicher, dass wirklich kein Staub und kein Schmutz mehr mit der Luft ausgeblasen

Der Wegwerfbeutel fängt Schmutz und Staub auf, lässt aber Luft durch.

Das Gebläse saugt Luft aus dem luftdichten Fach.

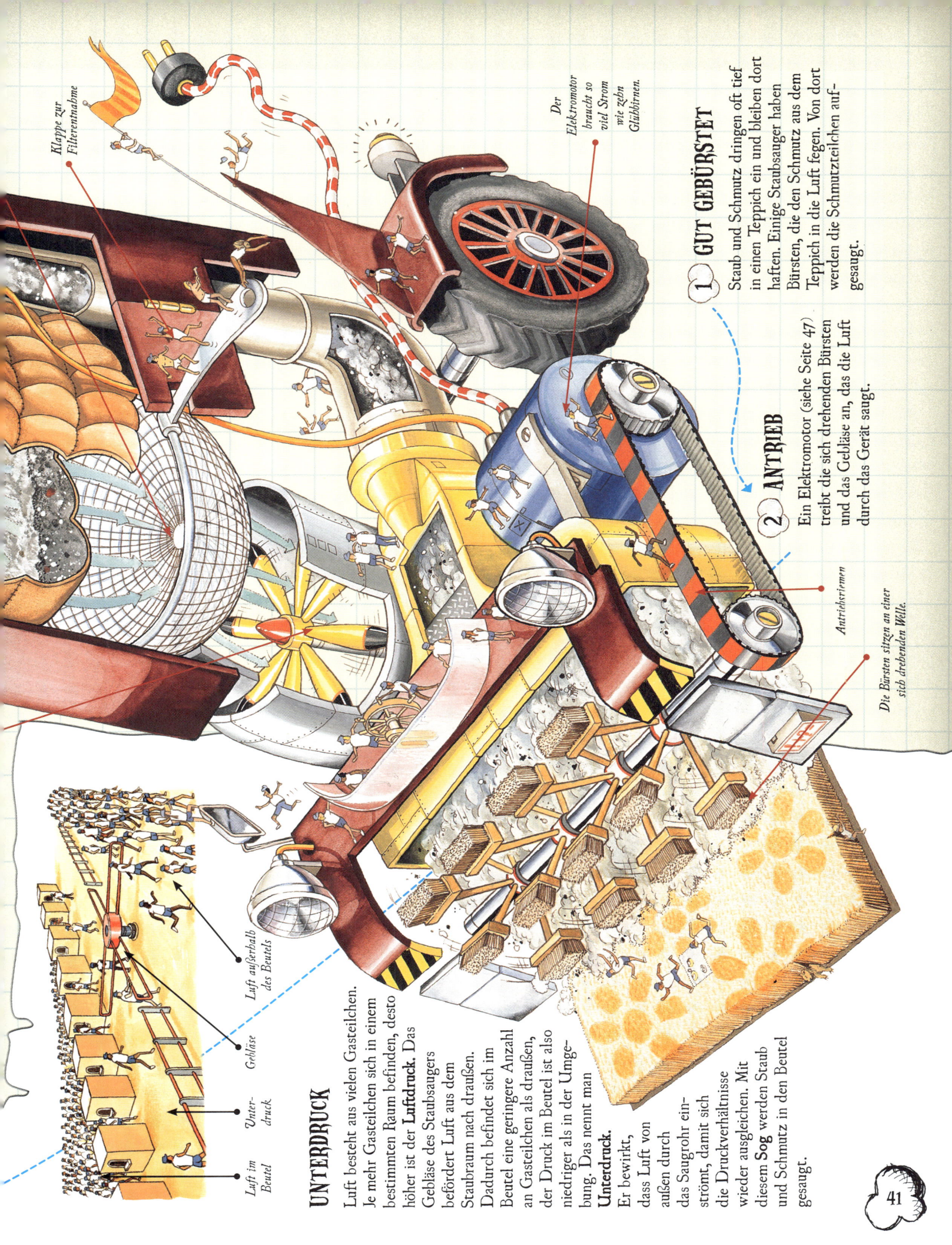

Der
Elektromotor
braucht so
viel Strom
wie zehn
Glühbirnen.

Klappe zur
Filterentnahme

1 GUT GEBÜRSTET

Staub und Schmutz dringen oft tief
in einen Teppich ein und bleiben dort
haften. Einige Staubsauger haben
Bürsten, die den Schmutz aus dem
Teppich in die Luft fegen. Von dort
werden die Schmutzteilchen auf-
gesaugt.

2 ANTRIEB

Ein Elektromotor (siehe Seite 47)
treibt die sich drehenden Bürsten
und das Gebläse an, das die Luft
durch das Gerät saugt.

Antriebsriemen

*Die Bürsten sitzen an einer
sich drehenden Welle.*

*Luft außerhalb
des Beutels*

Gebläse

*Unter-
druck*

*Luft im
Beutel*

UNTERDRUCK

Luft besteht aus vielen Gasteilchen.
Je mehr Gasteilchen sich in einem
bestimmten Raum befinden, desto
höher ist der **Luftdruck.** Das
Gebläse des Staubsaugers
befördert Luft aus dem
Staubraum nach draußen.
Dadurch befindet sich im
Beutel eine geringere Anzahl
an Gasteilchen als draußen,
der Druck im Beutel ist also
niedriger als in der Umge‐
bung. Das nennt man
Unterdruck.
Er bewirkt,
dass Luft von
außen durch
das Saugrohr ein‐
strömt, damit sich
die Druckverhältnisse
wieder ausgleichen. Mit
diesem **Sog** werden Staub
und Schmutz in den Beutel
gesaugt.

NÄH-MASCHINE

In einer Nähmaschine passieren viele Dinge gleichzeitig. Wellen drehen sich, Riemen brummen, Stangen klappern und die Nadel bewegt sich mit atemberaubender Geschwindigkeit auf und ab. Doch hinter diesem scheinbaren Durcheinander verbirgt sich ein sorgfältig geplanter Bewegungsablauf, der von einem Elektromotor angetrieben wird. Schneller, als du zwinkern kannst, macht eine Nähmaschine einen Stich, zieht ihn fest und transportiert den Stoff für den nächsten Stich weiter.

IN BEWEGUNG

Moderne Nähmaschinen werden von einem kleinen Elektromotor angetrieben (siehe Seite 47). Der Motor dreht eine Welle, die mit den übrigen beweglichen Teilen in der Nähmaschine verbunden ist. **Nockenwellen** übersetzen die Drehbewegung in die Auf-und-ab-Bewegung der Nadel.

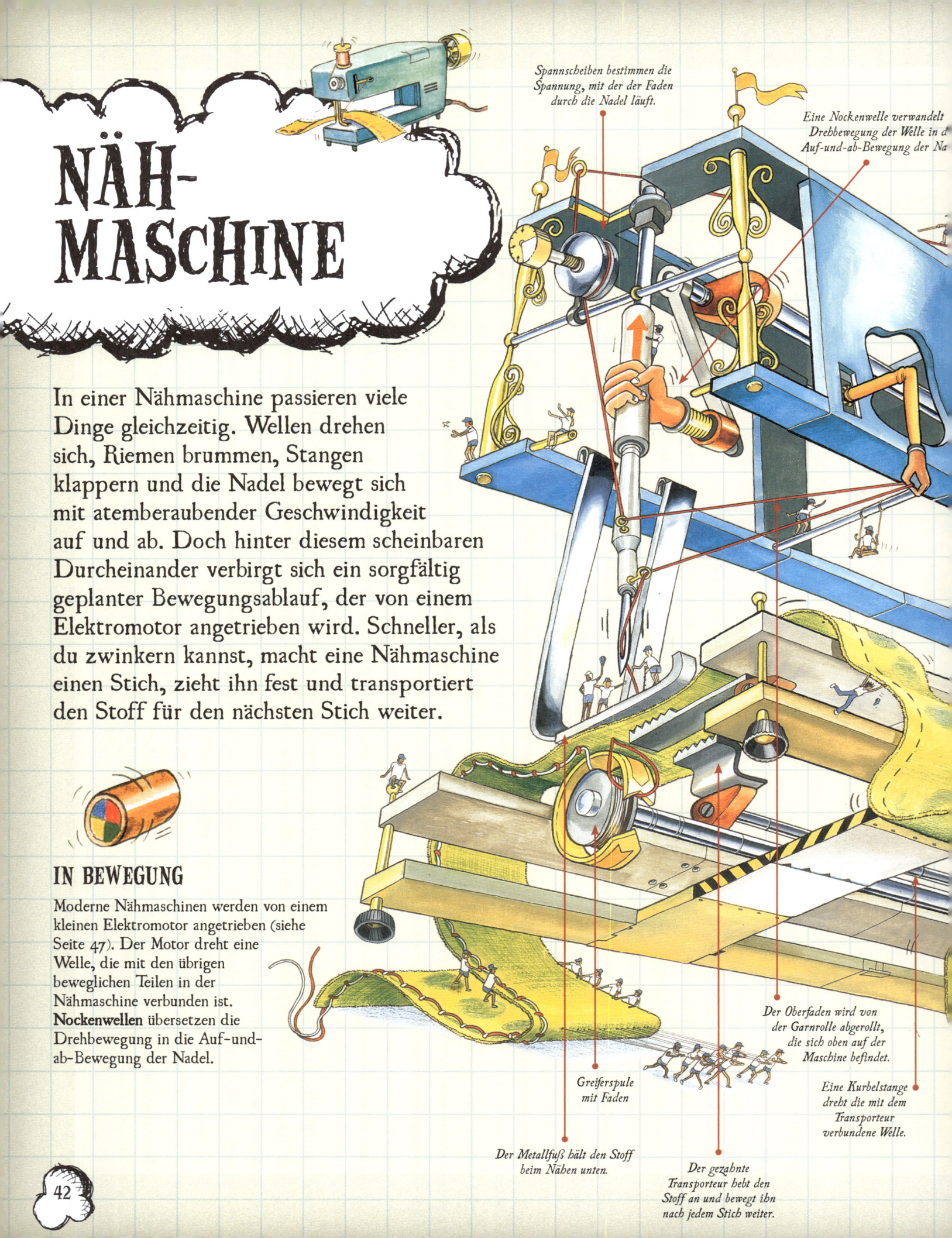

Spannscheiben bestimmen die Spannung, mit der der Faden durch die Nadel läuft.

Eine Nockenwelle verwandelt Drehbewegung der Welle in d Auf-und-ab-Bewegung der Na

Der Oberfaden wird von der Garnrolle abgerollt, die sich oben auf der Maschine befindet.

Eine Kurbelstange dreht die mit dem Transporteur verbundene Welle.

Greiferspule mit Faden

Der Metallfuß hält den Stoff beim Nähen unten.

Der gezahnte Transporteur hebt den Stoff an und bewegt ihn nach jedem Stich weiter.

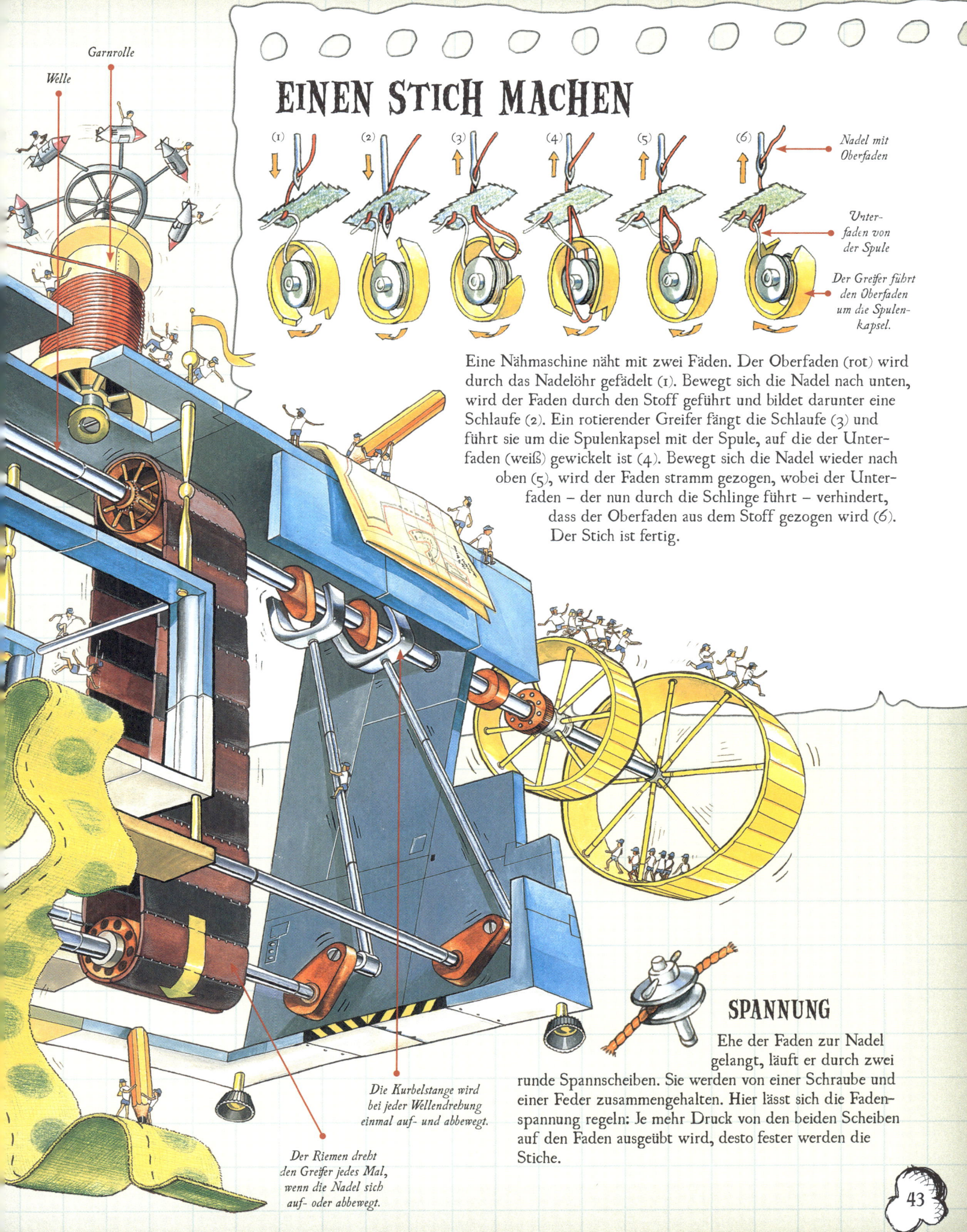

EINEN STICH MACHEN

(1) (2) (3) (4) (5) (6)

Welle

Garnrolle

Nadel mit
Oberfaden

Unter-
faden von
der Spule

Der Greifer führt
den Oberfaden
um die Spulen-
kapsel.

Eine Nähmaschine näht mit zwei Fäden. Der Oberfaden (rot) wird durch das Nadelöhr gefädelt (1). Bewegt sich die Nadel nach unten, wird der Faden durch den Stoff geführt und bildet darunter eine Schlaufe (2). Ein rotierender Greifer fängt die Schlaufe (3) und führt sie um die Spulenkapsel mit der Spule, auf die der Unterfaden (weiß) gewickelt ist (4). Bewegt sich die Nadel wieder nach oben (5), wird der Faden stramm gezogen, wobei der Unterfaden – der nun durch die Schlinge führt – verhindert, dass der Oberfaden aus dem Stoff gezogen wird (6). Der Stich ist fertig.

Die Kurbelstange wird
bei jeder Wellendrehung
einmal auf- und abbewegt.

Der Riemen dreht
den Greifer jedes Mal,
wenn die Nadel sich
auf- oder abbewegt.

SPANNUNG

Ehe der Faden zur Nadel gelangt, läuft er durch zwei runde Spannscheiben. Sie werden von einer Schraube und einer Feder zusammengehalten. Hier lässt sich die Fadenspannung regeln: Je mehr Druck von den beiden Scheiben auf den Faden ausgeübt wird, desto fester werden die Stiche.

KLO-SPÜLUNG

Der mit Luft gefüllte Schwimmer ist am Ventilhebel befestigt.

Die Toilettenspülung benutzt du jeden Tag, aber hast du auch schon mal in einen Spülkasten geschaut? In diesem amerikanischen Spülkasten befinden sich zwei einfache, aber wirksame Vorrichtungen: ein Saugheber und ein Schwimmer. Der Saugheber entlässt das Wasser in einem Schwall in die Toilette. Der Schwimmer sorgt dafür, dass nach dem Spülen Wasser nur bis zu einer bestimmten Höhe nachfließt und der Tank nicht überläuft.

SAUGHEBER

Ein Saugheber ist ein Rohr, in dem eine Flüssigkeit erst ein Stück nach oben steigt, ehe sie nach unten abfließt. Bei amerikanischen Spülkästen gelangt das Wasser über solch ein Rohr in die Toilettenschüssel. Das nennt man Saugheberprinzip: Solange das Rohr mit Wasser gefüllt ist, fließt es immer weiter hindurch. Sobald Luft hineingelangt, wird der Saugvorgang unterbrochen und der Wasserzufluss stoppt. Hierzulande haben Toiletten keinen Saugheber. Wenn du bei dir zu Hause den Spülhebel betätigst, wird ein Stöpsel aus einem Rohr gezogen, das sich im Boden des Spülkastens befindet. Durch dieses Rohr fließt das Wasser einfach abwärts in die Schüssel.

1 SPÜLEN

Der Spülhebel ist mit einem sogenannten Stempel verbunden, der sich in einer Glocke befindet. Wenn man die Spülung betätigt, zieht ein Hebel diesen Stempel nach oben, wodurch Wasser in den Saugheber gedrückt wird. Es entsteht ein Sog, der auch den Rest des Wassers im Spülkasten in das Rohr saugt. Aus dem Rohr ergießt sich das Wasser in einem Schwall in die Toilettenschüssel. Wenn sich der Kasten entleert, sinkt der Schwimmer auf den Boden.

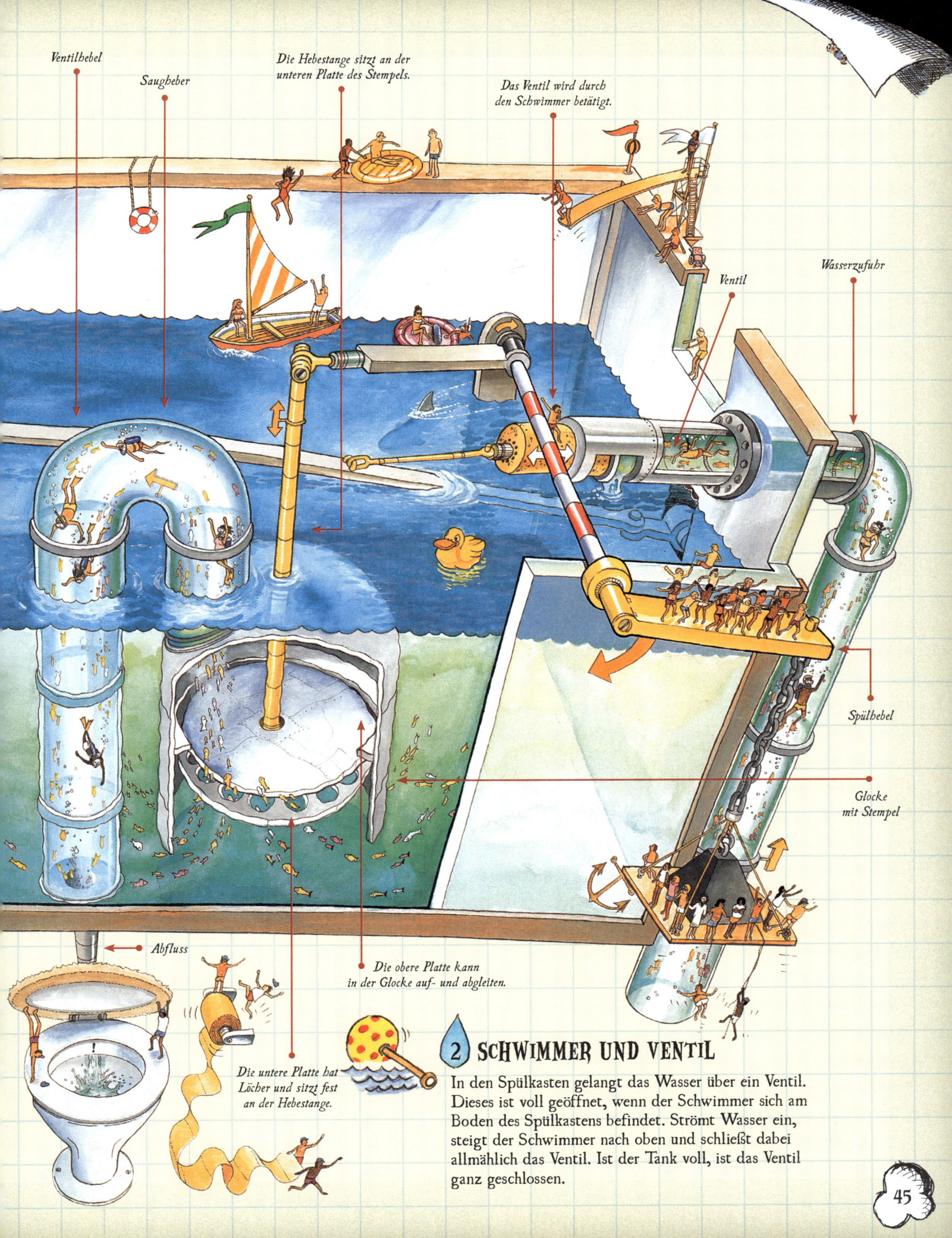

Ventilhebel

Saugheber

Die Hebestange sitzt an der unteren Platte des Stempels.

Das Ventil wird durch den Schwimmer betätigt.

Ventil

Wasserzufuhr

Spülhebel

Glocke mit Stempel

Abfluss

Die obere Platte kann in der Glocke auf- und abgleiten.

Die untere Platte hat Löcher und sitzt fest an der Hebestange.

2 SCHWIMMER UND VENTIL

In den Spülkasten gelangt das Wasser über ein Ventil. Dieses ist voll geöffnet, wenn der Schwimmer sich am Boden des Spülkastens befindet. Strömt Wasser ein, steigt der Schwimmer nach oben und schließt dabei allmählich das Ventil. Ist der Tank voll, ist das Ventil ganz geschlossen.

FÖHN

Ein Föhn oder Haartrockner ist ein einfaches Gerät, das Millionen Menschen täglich zum Trocknen und Stylen ihrer Haare benutzen. Am hinteren Ende des Föhns saugt ein Ventilator Luft ins Gerät. Die Luft fließt über glühende elektrische Elemente und erwärmt sich dabei schnell. Vorn wird sie wieder ausgeblasen. Das ist alles! Hier siehst du, wie es genau funktioniert.

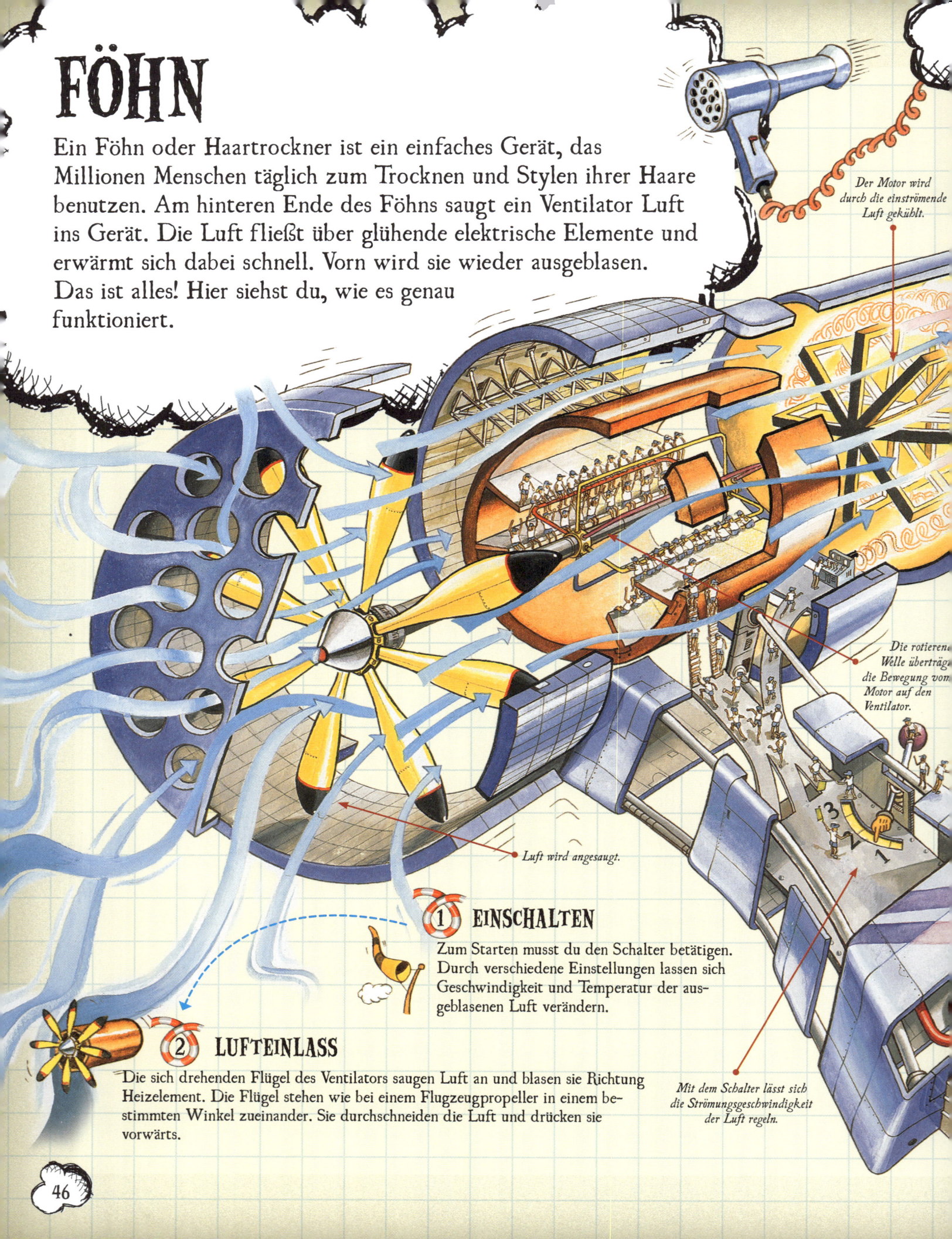

Der Motor wird durch die einströmende Luft gekühlt.

Die rotierende Welle überträgt die Bewegung vom Motor auf den Ventilator.

Luft wird angesaugt.

Mit dem Schalter lässt sich die Strömungsgeschwindigkeit der Luft regeln.

① EINSCHALTEN

Zum Starten musst du den Schalter betätigen. Durch verschiedene Einstellungen lassen sich Geschwindigkeit und Temperatur der ausgeblasenen Luft verändern.

② LUFTEINLASS

Die sich drehenden Flügel des Ventilators saugen Luft an und blasen sie Richtung Heizelement. Die Flügel stehen wie bei einem Flugzeugpropeller in einem bestimmten Winkel zueinander. Sie durchschneiden die Luft und drücken sie vorwärts.

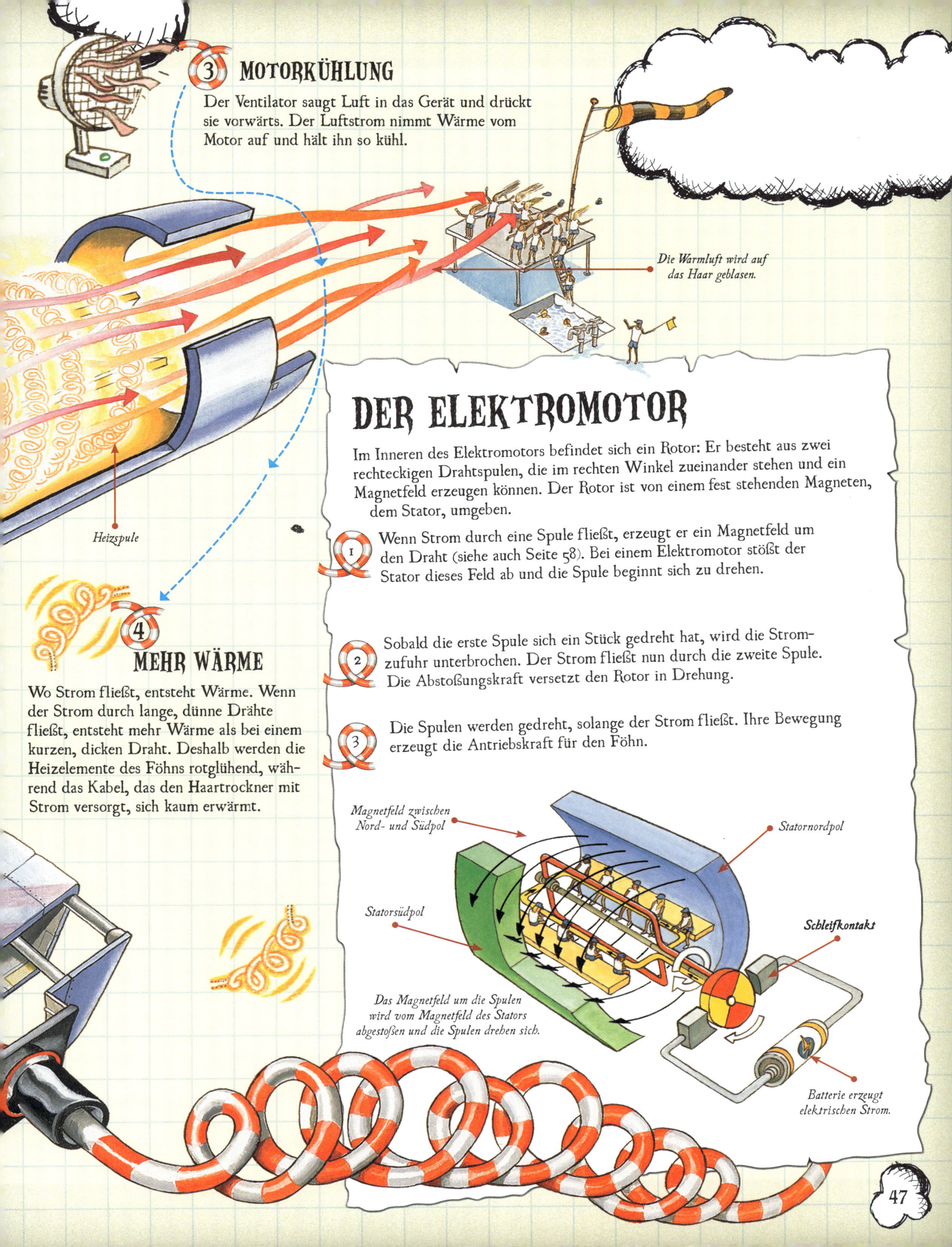

③ MOTORKÜHLUNG

Der Ventilator saugt Luft in das Gerät und drückt sie vorwärts. Der Luftstrom nimmt Wärme vom Motor auf und hält ihn so kühl.

Die Warmluft wird auf das Haar geblasen.

Heizspule

④ MEHR WÄRME

Wo Strom fließt, entsteht Wärme. Wenn der Strom durch lange, dünne Drähte fließt, entsteht mehr Wärme als bei einem kurzen, dicken Draht. Deshalb werden die Heizelemente des Föhns rotglühend, während das Kabel, das den Haartrockner mit Strom versorgt, sich kaum erwärmt.

DER ELEKTROMOTOR

Im Inneren des Elektromotors befindet sich ein Rotor: Er besteht aus zwei rechteckigen Drahtspulen, die im rechten Winkel zueinander stehen und ein Magnetfeld erzeugen können. Der Rotor ist von einem fest stehenden Magneten, dem Stator, umgeben.

① Wenn Strom durch eine Spule fließt, erzeugt er ein Magnetfeld um den Draht (siehe auch Seite 58). Bei einem Elektromotor stößt der Stator dieses Feld ab und die Spule beginnt sich zu drehen.

② Sobald die erste Spule sich ein Stück gedreht hat, wird die Stromzufuhr unterbrochen. Der Strom fließt nun durch die zweite Spule. Die Abstoßungskraft versetzt den Rotor in Drehung.

③ Die Spulen werden gedreht, solange der Strom fließt. Ihre Bewegung erzeugt die Antriebskraft für den Föhn.

Magnetfeld zwischen Nord- und Südpol

Statornordpol

Statorsüdpol

Schleifkontakt

Das Magnetfeld um die Spulen wird vom Magnetfeld des Stators abgestoßen und die Spulen drehen sich.

Batterie erzeugt elektrischen Strom.

RAUCH-MELDER

Es gibt verschiedene Arten von Rauchmeldern. Bei uns werden meist **foto-optische** Geräte eingesetzt. Hier erfährst du, wie eine speziellere Form, der Ionisationsrauchmelder, funktioniert.

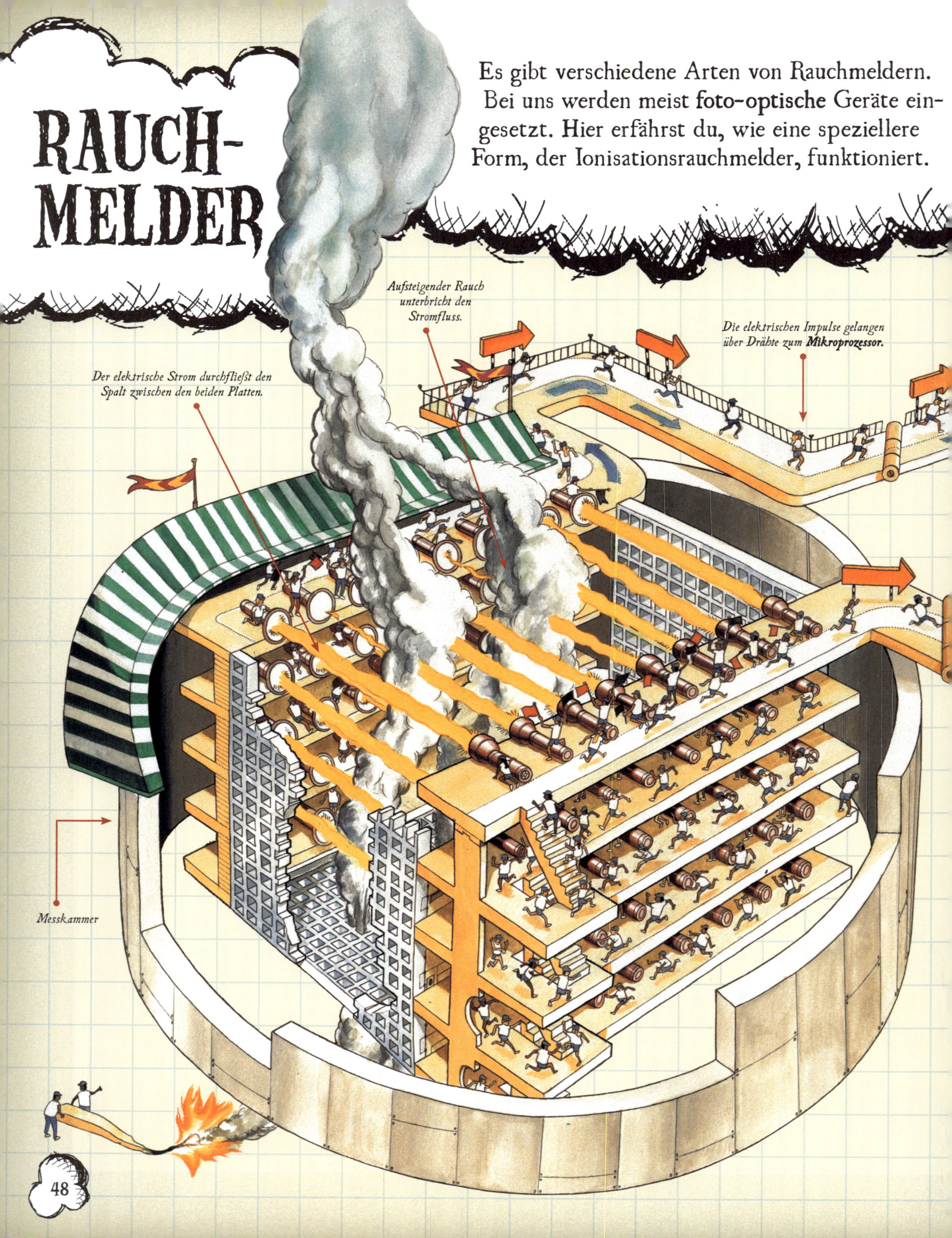

Der elektrische Strom durchfließt den Spalt zwischen den beiden Platten.

Aufsteigender Rauch unterbricht den Stromfluss.

*Die elektrischen Impulse gelangen über Drähte zum **Mikroprozessor**.*

Messkammer

Die menschliche Nase erkennt Rauch schnell – allerdings nur, wenn sie nahe dran ist. Wenn ein Feuer aber hinter einer geschlossenen Tür ausbricht, wenn du gerade schläfst oder erkältet bist und daher nichts riechst – was dann? Hier ist ein Rauchmelder von Nutzen. Sobald er Rauch wahrnimmt, wird ein Alarm ausgelöst, der durchs ganze Haus schrillt.

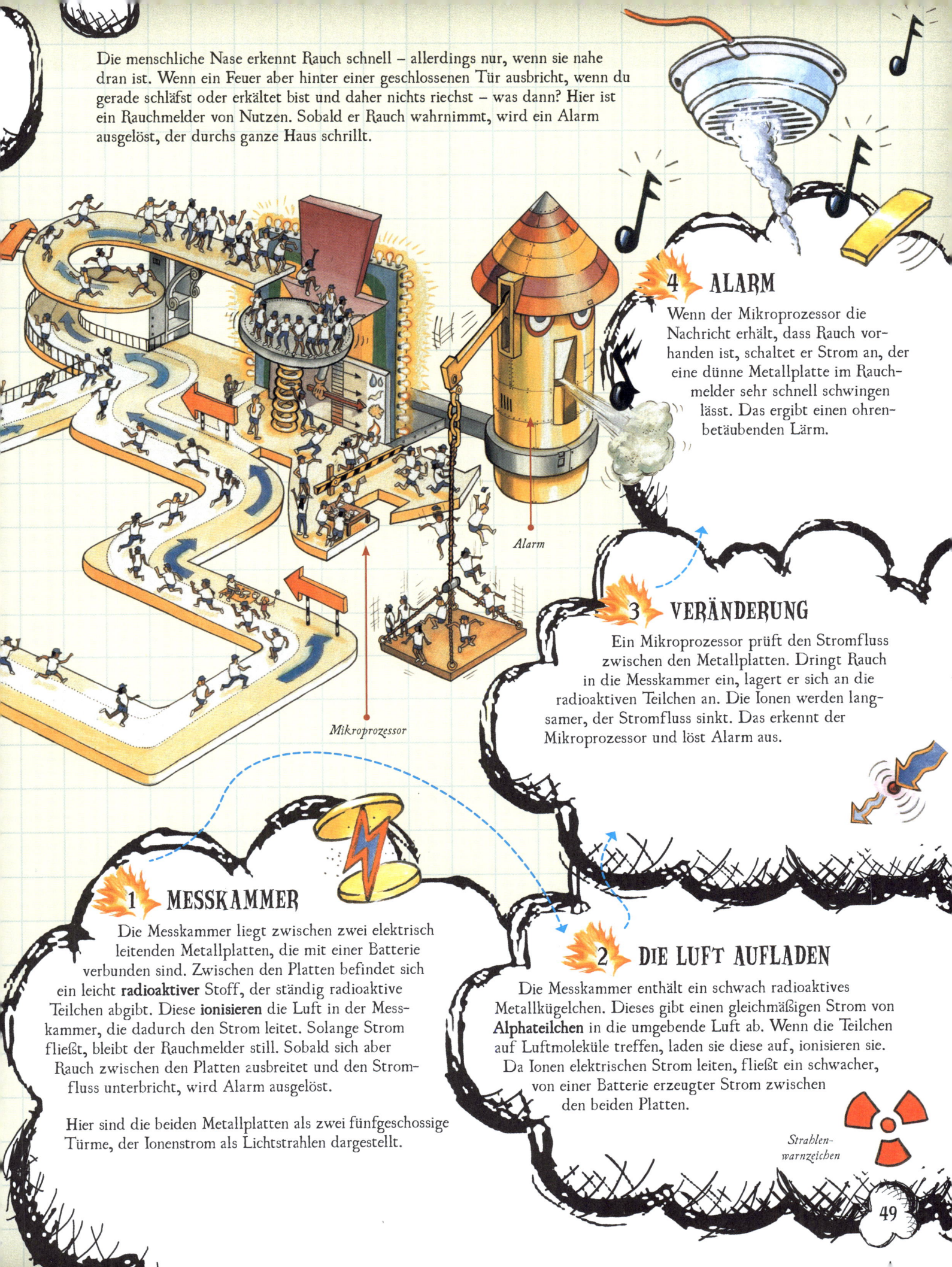

4 ALARM

Wenn der Mikroprozessor die Nachricht erhält, dass Rauch vorhanden ist, schaltet er Strom an, der eine dünne Metallplatte im Rauchmelder sehr schnell schwingen lässt. Das ergibt einen ohrenbetäubenden Lärm.

Alarm

3 VERÄNDERUNG

Ein Mikroprozessor prüft den Stromfluss zwischen den Metallplatten. Dringt Rauch in die Messkammer ein, lagert er sich an die radioaktiven Teilchen an. Die Ionen werden langsamer, der Stromfluss sinkt. Das erkennt der Mikroprozessor und löst Alarm aus.

Mikroprozessor

1 MESSKAMMER

Die Messkammer liegt zwischen zwei elektrisch leitenden Metallplatten, die mit einer Batterie verbunden sind. Zwischen den Platten befindet sich ein leicht **radioaktiver** Stoff, der ständig radioaktive Teilchen abgibt. Diese **ionisieren** die Luft in der Messkammer, die dadurch den Strom leitet. Solange Strom fließt, bleibt der Rauchmelder still. Sobald sich aber Rauch zwischen den Platten ausbreitet und den Stromfluss unterbricht, wird Alarm ausgelöst.

Hier sind die beiden Metallplatten als zwei fünfgeschossige Türme, der Ionenstrom als Lichtstrahlen dargestellt.

2 DIE LUFT AUFLADEN

Die Messkammer enthält ein schwach radioaktives Metallkügelchen. Dieses gibt einen gleichmäßigen Strom von **Alphateilchen** in die umgebende Luft ab. Wenn die Teilchen auf Luftmoleküle treffen, laden sie diese auf, ionisieren sie. Da Ionen elektrischen Strom leiten, fließt ein schwacher, von einer Batterie erzeugter Strom zwischen den beiden Platten.

*Strahlen-
warnzeichen*

4 APPS

Auf einem Smartphone befinden sich schon beim Kauf eine Reihe von Anwendungen, die Apps (kurz für *application software*). Diese Programme ermöglichen es dir, zu telefonieren, SMS oder E-Mails zu senden und zu empfangen oder einen Terminkalender zu führen. Es gibt auch Spiele-Apps, Musik-Apps und Apps, mit denen du Videos drehen, Tagebuch führen oder Bilder malen kannst. Viele kann man kostenlos herunterladen, andere kosten Geld.

Online-Chat

Drahtlos-verbindung (englisch Wi-Fi) nutzen

SMS senden

Um eine App zu öffnen, tippst du einfach auf das zugehörige Symbol, Icon genannt. Diese App ist ein E-Mail-Programm.

Nachrichtenmeldungen

Bilder malen

5 FOTOS UND VIDEOS

Smartphones verfügen über sehr gute Kameras. Die Fotos haben eine so gute Qualität, dass du sie als Desktop-Hintergrund auf einem Computer verwenden kannst. Das Aufnehmen von Videos ist bei teureren Handys sogar in HD (High Definition = hohe Auflösung) möglich. Die Videos sind dann so scharf wie Filme im Fernsehen. Smartphones haben meist noch eine zweite Kamera auf der Seite des Hauptbildschirms, die du für Videoanrufe und Selfies nutzen kannst.

Wenn du ein Foto gemacht hast, kannst du es per MMS oder E-Mail an Freunde schicken, z. B. über einen kostenlosen Internetdienst.

Einzelbild

Du solltest dir darüber im Klaren sein, dass manche soziale Netzwerke wie Facebook deine hochgeladenen Bilder und Videos überall auf der Welt zu Werbezwecken verwenden dürfen. Also schau dir vor dem Posten die AGB an!

Fotoserie

Internetseite (Website)

Eine Fülle von unterirdischen Kabeln und drahtlosen Netzwerken verbindet dich mit Internetseiten, die innerhalb von Sekunden auf dem Bildschirm erscheinen.

Internetseite

Manche Orte sind so abgelegen, dass man nur über einen Satelliten ins Internet kommen kann.

Glasfaserkabel unter dem Meer

Glasfaserkabel unter der Straße

Mobilfunkmast

Provider

Für eine geringe monatliche Gebühr verbindet dich dein Internetdienstanbieter (Provider) mit dem Internet, sodass du Websites aus aller Welt anschauen kannst.

WLAN-Router

Wo es kein WLAN gibt, kann sich dein Handy über das Handynetz ins Internet einwählen.

VERBINDUNGEN HERSTELLEN

1 INS INTERNET GEHEN

Zu Hause wählen sich dein Smartphone und dein Tablet normalerweise über dasselbe Drahtlosnetzwerk (WLAN) ins Internet ein wie dein PC, Spielekonsolen oder der (smarte) Fernseher. Ist keine Drahtlosverbindung verfügbar, benutzt das Handy ein Mobilfunknetz. Es ist nicht ganz so schnell wie das WLAN, aber es funktioniert recht gut, wenn du dich in der Nähe eines Funkmasts befindest.

2 SMS UND ANRUFE

Wenn du jemanden anrufst oder eine SMS verschickst, wird deine Nachricht in ein elektrisches Signal umgewandelt, das zum nächsten Mobilfunkmast geschickt wird. Der Mast leitet das Signal über Datenkabel zu dem Funkmast, der dem Empfänger am nächsten ist, und von dort gelangt es zum Handy dieser Person. Die Nachricht wird wieder in Sprache oder Text übersetzt und der Empfänger kann dich hören oder deine SMS lesen.

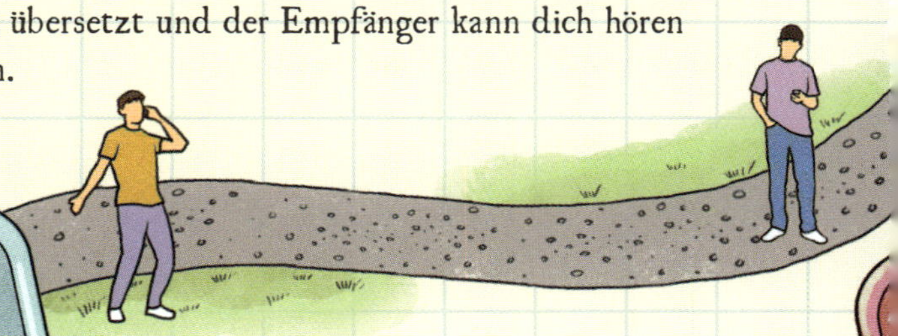

3 E-MAILS

Wie ein Computer kann dein Smartphone E-Mails (elektronische Post) senden und empfangen. Du kannst einen Benachrichtigungston oder den Vibrationsmodus einstellen, die dir melden, wenn eine Nachricht eingetroffen ist. Im Hauptmenü deines Handys wird auch anzeigt, wie viele neue E-Mails du hast.

E-Mails auf deinem Smartphone

SMARTPHONE

2015 wurden über 1,4 Milliarden Smartphones gekauft. Diese tollen Handys gehören heute zu den wichtigsten technischen Geräten weltweit. Man kann damit nicht nur telefonieren, sondern auch im Internet surfen, verschiedene Anwendungen (Apps) nutzen, Spiele spielen, fotografieren und Videos aufnehmen.

1 BETRIEBSSYSTEM

Alle Smartphones brauchen ein Betriebssystem. Es steuert sowohl die **Hardware** wie den Touchscreen, den Speicher und den Prozessor (das „Gehirn" des Handys) als auch all deine Apps und die Elektronik. So „weiß" das Telefon, dass es aufgeladen wird, wenn du es an die Steckdose anschließt, oder dass es die Lautsprecher abschalten muss, wenn du die Kopfhörer anschließt.

2 AKKU

Die ersten Handys hatten Akkus, die größer waren als das ganze Telefon. Oft war das Handy auf den Akku aufgesteckt und dieser hatte einen Griff zum Tragen. Moderne Akkus sind aber sehr klein, in wenigen Stunden voll aufgeladen und können – je nachdem, wie intensiv du das Handy nutzt – tagelang halten.

3 USB-ANSCHLUSS

Smartphones haben einen USB-Anschluss. „Universal Serial Bus" bezeichnet ein Datenübertragungssystem mit **genormtem** Anschluss. Das USB-Kabel kann in ein Ladegerät gesteckt und dieses zum Aufladen an die Steckdose angeschlossen werden. Man kann das Kabel aber auch am Computer anschließen, um z. B. Fotos zu übertragen.

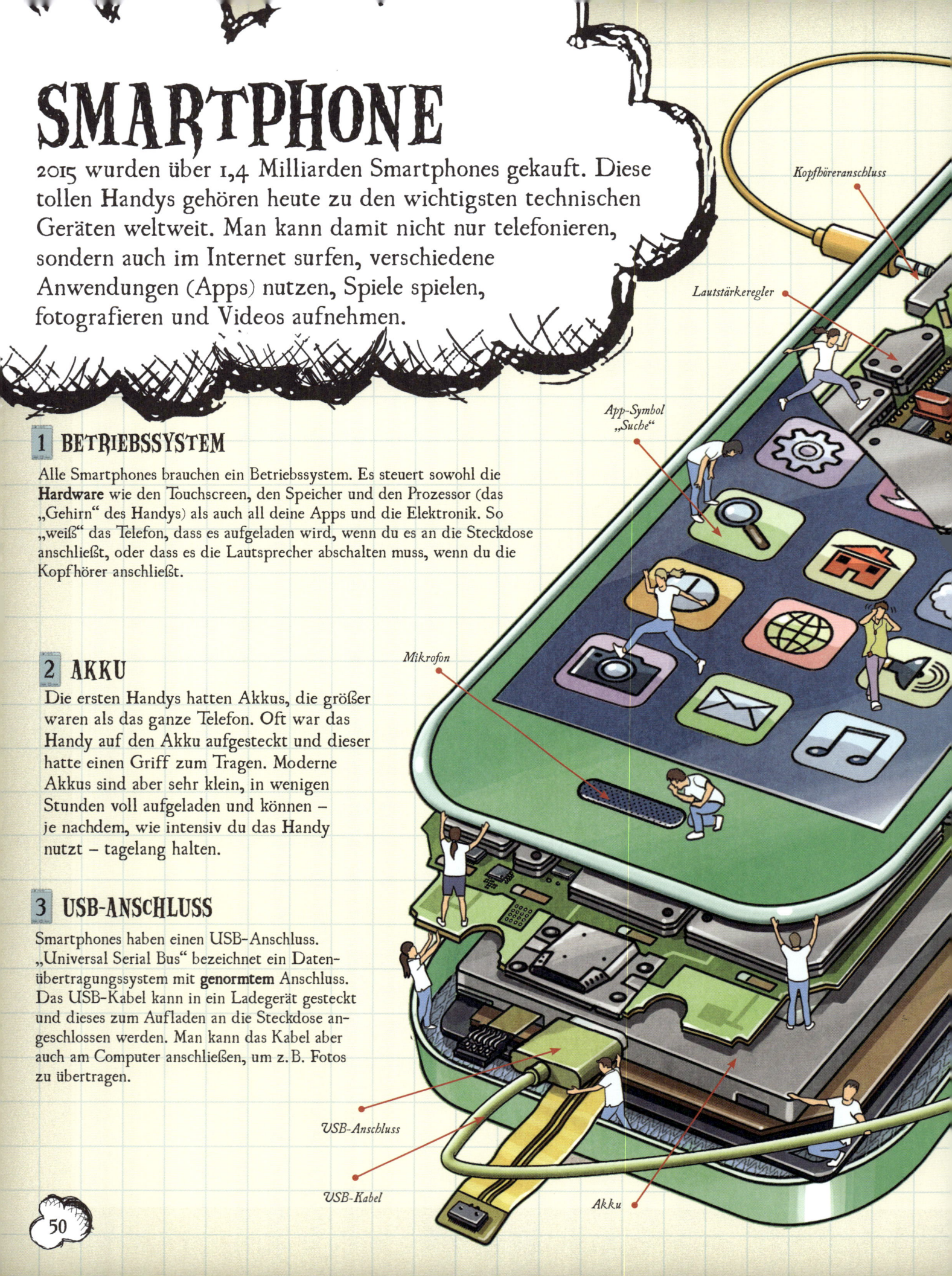

Kopfhöreranschluss

Lautstärkeregler

App-Symbol „Suche"

Mikrofon

USB-Anschluss

USB-Kabel

Akku

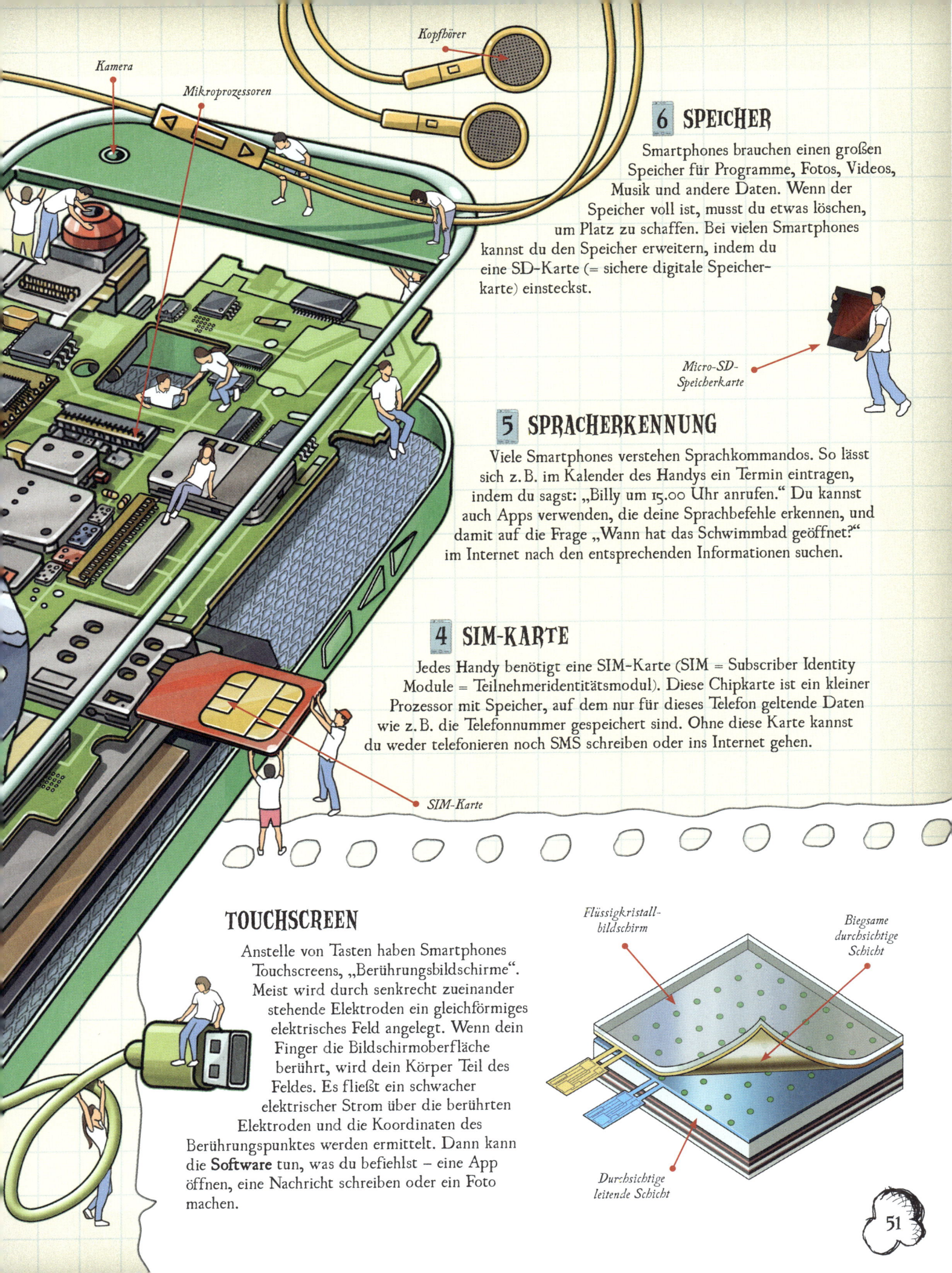

Kamera

Mikroprozessoren

Kopfhörer

6 SPEICHER

Smartphones brauchen einen großen
Speicher für Programme, Fotos, Videos,
Musik und andere Daten. Wenn der
Speicher voll ist, musst du etwas löschen,
um Platz zu schaffen. Bei vielen Smartphones
kannst du den Speicher erweitern, indem du
eine SD-Karte (= sichere digitale Speicherkarte) einsteckst.

Micro-SD-
Speicherkarte

5 SPRACHERKENNUNG

Viele Smartphones verstehen Sprachkommandos. So lässt
sich z. B. im Kalender des Handys ein Termin eintragen,
indem du sagst: „Billy um 15.00 Uhr anrufen.“ Du kannst
auch Apps verwenden, die deine Sprachbefehle erkennen, und
damit auf die Frage „Wann hat das Schwimmbad geöffnet?“
im Internet nach den entsprechenden Informationen suchen.

4 SIM-KARTE

Jedes Handy benötigt eine SIM-Karte (SIM = Subscriber Identity
Module = Teilnehmeridentitätsmodul). Diese Chipkarte ist ein kleiner
Prozessor mit Speicher, auf dem nur für dieses Telefon geltende Daten
wie z. B. die Telefonnummer gespeichert sind. Ohne diese Karte kannst
du weder telefonieren noch SMS schreiben oder ins Internet gehen.

SIM-Karte

TOUCHSCREEN

Anstelle von Tasten haben Smartphones
Touchscreens, „Berührungsbildschirme“.
Meist wird durch senkrecht zueinander
stehende Elektroden ein gleichförmiges
elektrisches Feld angelegt. Wenn dein
Finger die Bildschirmoberfläche
berührt, wird dein Körper Teil des
Feldes. Es fließt ein schwacher
elektrischer Strom über die berührten
Elektroden und die Koordinaten des
Berührungspunktes werden ermittelt. Dann kann
die **Software** tun, was du befiehlst – eine App
öffnen, eine Nachricht schreiben oder ein Foto
machen.

Flüssigkristall-
bildschirm

Biegsame
durchsichtige
Schicht

Durchsichtige
leitende Schicht

7 VIDEOS HOCHLADEN

Es ist leicht, eigene Videos mit anderen zu teilen, indem man sie ins Internet hochlädt. Das Smartphone verkleinert die Videodatei automatisch. Dadurch dauert das Hochladen nicht so lange und beim Ansehen ruckelt der Film nicht.

8 STANDORTBESTIMMUNG

Manche Apps bestimmen den genauen Standort deines Handys. Dann kannst du das Gerät als Navi benutzen, das dir zu Fuß oder mit dem Auto den Weg weist. Durch die Standortbestimmung findet das Handy auch Kinos oder Restaurants in deiner Nähe.

Videotauschbörsen sind in der Regel kostenlos, aber man muss sich meist registrieren, um mitzumachen – und man muss alt genug dafür sein.

Die Standortbestimmung lässt sich nach Belieben an- oder abschalten.

SPIELE

Es gibt eine Unmenge von Spielen für Tablets. Sie sind oft kostenlos, aber auch die, die etwas kosten, sind selten teuer. Viele Spiele wurden extra für Tablets programmiert und nutzen die Besonderheiten des Geräts – z.B., indem ein Auto durch Bewegen des Tablets gesteuert oder eine Spielfigur durch Schieben mit dem Finger auf dem Bildschirm dirigiert wird. Beliebte Computer- oder Konsolenspiele wurden für Tablets umgeschrieben.

Du kannst spielen, egal wo du bist.

FILME SCHAUEN

Tablets haben lichtstarke HD-Bildschirme, auf n du Filme im Bett, auf dem Sofa oder auf langen fahrten sehen kannst. Spezielle Internetdienste n gegen eine Monatsgebühr unbegrenzt Filme und sehsendungen, aber es gibt auch viele kostenlose formen mit Millionen von Videos.

, ob du Apps, Spiele oder Filme herunterlädst – ir die AGB immer genau durch! Es können ver- te Kosten lauern.

6 MUSIK

Mit einem Smartphone kannst du richtig gut Musik hören, entweder über Kopfhörer oder über externe Lautsprecher. Musik gibt es als Download zu kaufen oder du hörst sie einfach direkt im Internet. Dieser Vorgang wird **Streamen** genannt. Mit Gitarren-, Schlagzeug- oder Keyboard-Apps kannst du selbst Musik machen und auch eigene Klingeltöne oder sogar Songs komponieren.

Mit dieser App kannst du Keyboard spielen. Das hört sich an wie ein richtiges Instrument!

TABLETS

Ein Tablet (kurz für Tablet-PC) ist im Prinzip ein großes Smartphone. Zum Telefonieren brauchst du in der Regel eine zusätzliche Software, aber du kannst mit jedem Tablet über WLAN ins Internet gehen (zu Hause oder auch in einem Café). Manche Tablets nutzen auch Handynetze. Der große Bildschirm ist gut geeignet, um Bücher, Zeitungen oder Comics zu lesen, Filme anzusehen oder auch Referate zu tippen.

Wie beim Smartphone wischst du mit dem Finger über den Bildschirm oder tippst auf ein Symbol, um eine App zu starten. Tablets erkennen auch, ob du sie hochkant oder quer hältst, und die meisten Apps passen sich automatisch an den Bildschirm an.

SOLARANLAGEN

Die Sonne spielt für die Energieversorgung der Erde eine ganz besondere Rolle. Eine einzige Stunde Sonnenlicht liefert mehr Energie, als wir alle auf der Erde in einem Jahr verbrauchen könnten. Mit Solarzellen lässt sich ein Teil dieser Energie nutzbar machen, z.B. für eine warme Dusche oder für die Lieblingssendung im Fernsehen. Und so funktioniert es:

1 ENERGIEQUELLE SONNE

Solarenergie kann Wasser erwärmen oder Strom erzeugen. Wenn man sie benutzt, um Wasser zu erwärmen – zum Baden, Duschen oder für die Heizung –, braucht man Solarthermieanlagen mit Sonnenkollektoren. Zur Erzeugung von Strom werden Fotovoltaikanlagen mit Solarzellen eingesetzt.

2 SONNE EINFANGEN

Sonnenkollektoren und Solarmodule werden auf dem Hausdach auf der Seite angebracht, die am meisten Sonne abbekommt. Auf den ersten Blick sehen sie sich sehr ähnlich, aber wenn sie aus Röhren bestehen, handelt es sich um Sonnenkollektoren.

3 AUFGEPUMPT

Um Sonnenwärme zu gewinnen, braucht das Haus eine Pumpe. Diese pumpt eine spezielle Flüssigkeit durch ein Rohr, das durchs Haus führt. Das Rohr beginnt mit Schleifen im Wassertank, führt weiter bis aufs Dach, durch die Sonnenkollektoren und wieder zurück zum Tank.

Sonnenkollektor

Solarmodul aus Solarzellen

Heißes Wasser für die Badewanne

Ein zusätzlicher Wasserboiler, der Wasser z.B. mit Strom erhitzt, sorgt dafür, dass man auch bei schlechtem Wetter warmes Wasser hat.

Heißes Wasser für die Küche

Wassertank

Pumpe

Sonnenseite des Hauses

SONNENKRAFT-WERKE

Auch wer kein Solarmodul auf dem Dach hat, kann Strom aus Sonnenenergie nutzen. In Solarturmkraftwerken wird das Sonnenlicht mit vielen Spiegeln (**Heliostaten**) auf einen Wärmetauscher gebündelt. Dieser sitzt in der Spitze eines Turms im Zentrum der Spiegelanlage. Durch den Wärmetauscher strömt Luft. Sie wird durch die Sonnenstrahlen erhitzt. Die heiße Luft lässt wiederum Wasser, das in Rohren zirkuliert, verdampfen. Der Dampf treibt eine Turbine an und diese erzeugt Strom, der über ober- oder unterirdische Leitungen zu dir nach Hause gelangt.

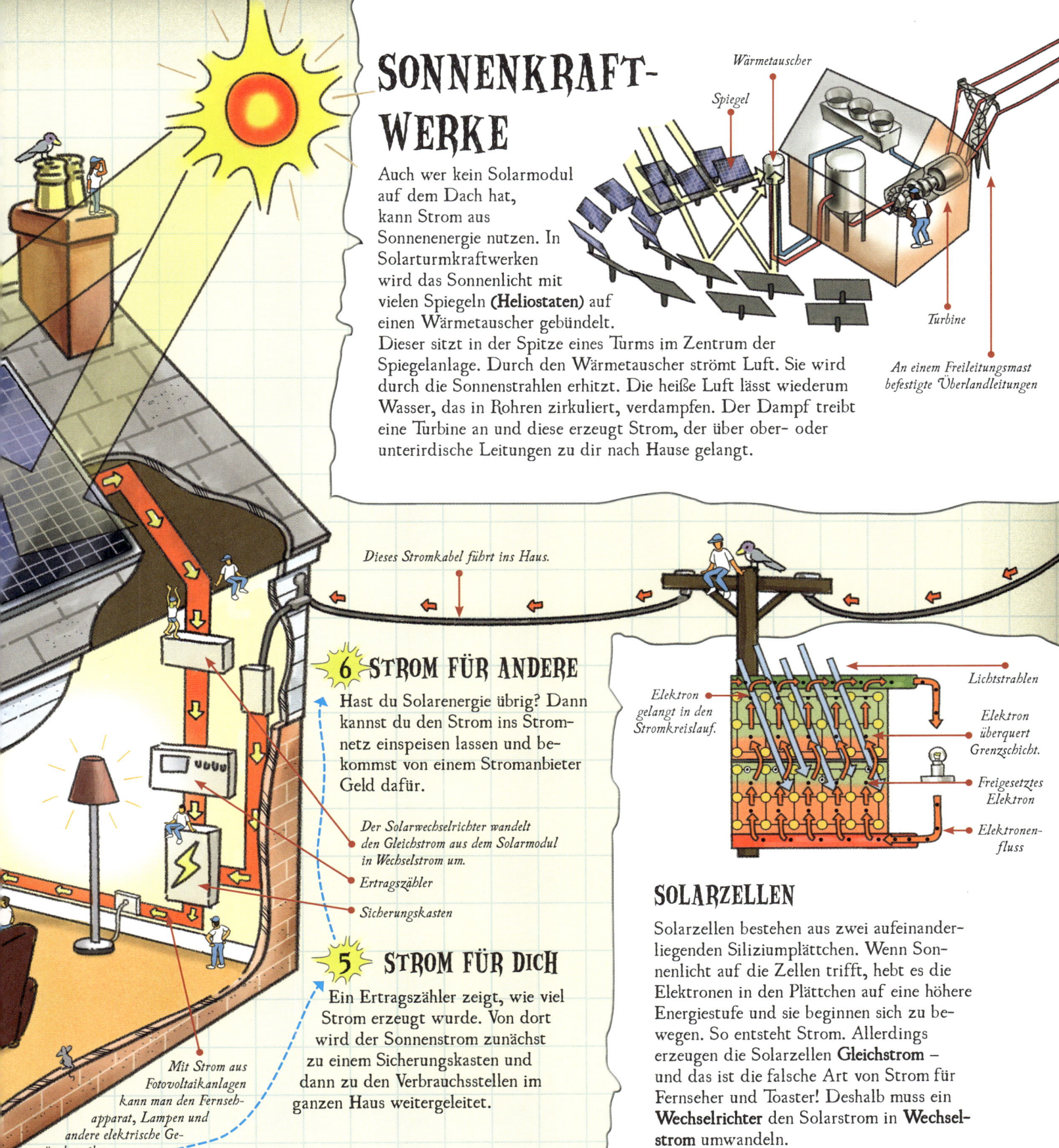

Wärmetauscher

Spiegel

Turbine

An einem Freileitungsmast befestigte Überlandleitungen

Dieses Stromkabel führt ins Haus.

Lichtstrahlen

Elektron gelangt in den Stromkreislauf.

Elektron überquert Grenzschicht.

Freigesetztes Elektron

Elektronenfluss

6 STROM FÜR ANDERE

Hast du Solarenergie übrig? Dann kannst du den Strom ins Stromnetz einspeisen lassen und bekommst von einem Stromanbieter Geld dafür.

Der Solarwechselrichter wandelt den Gleichstrom aus dem Solarmodul in Wechselstrom um.

Ertragszähler

Sicherungskasten

5 STROM FÜR DICH

Ein Ertragszähler zeigt, wie viel Strom erzeugt wurde. Von dort wird der Sonnenstrom zunächst zu einem Sicherungskasten und dann zu den Verbrauchsstellen im ganzen Haus weitergeleitet.

Mit Strom aus Fotovoltaikanlagen kann man den Fernsehapparat, Lampen und andere elektrische Geräte betreiben.

4 KALT - WARM - WÄRMER - HEISS

Wenn die kalte Flüssigkeit durch die Sonnenkollektoren fließt, wird sie erwärmt. Die aufgeheizte Flüssigkeit strömt zurück zum Wassertank und gibt die Wärme an das Wasser ab, sodass du eine heiße Dusche genießen oder auch Geschirr spülen kannst. Dann beginnt der Kreislauf von vorn.

SOLARZELLEN

Solarzellen bestehen aus zwei aufeinanderliegenden Siliziumplättchen. Wenn Sonnenlicht auf die Zellen trifft, hebt es die Elektronen in den Plättchen auf eine höhere Energiestufe und sie beginnen sich zu bewegen. So entsteht Strom. Allerdings erzeugen die Solarzellen **Gleichstrom** – und das ist die falsche Art von Strom für Fernseher und Toaster! Deshalb muss ein **Wechselrichter** den Solarstrom in **Wechselstrom** umwandeln.

TÜRKLINGEL

Es gibt verschiedene Arten von Türklingeln: mechanische, elektro-mechanische und digitale. Diese Türklingel funktioniert mit elektrischem Strom. Wenn du auf den Klingelknopf drückst, fließt Strom durch die Drahtspule eines Elektromagneten. Dadurch wird ein **Magnetfeld** aufgebaut. Es bewirkt, dass ein Klöppel auf eine Glockenschale geschlagen wird, und zwar immer wieder in ganz kurzen Abständen, solange du den Knopf gedrückt hältst. Das ist nicht zu überhören!

1 AUF KNOPFDRUCK

Wenn du auf den Klingelknopf drückst, schließt sich ein **Stromkreis** und Strom beginnt zu fließen.

ENERGIEQUELLE

Der Strom für die Türklingel kommt aus Batterien in der Klingel oder aus dem Stromnetz.

Der Schalter wird durch Drücken des Klingelknopfes betätigt.

Federn ziehen den beweglichen Kontakt zurück, sodass er den festen Kontakt erneut berührt.

MAGNETISIEREN

Fließt Strom durch einen Metall-draht, entsteht um den Draht ein Magnetfeld. Das kannst du sehen, wenn du rund um den Draht Kompasse legst. Normalerweise zeigen Kompassnadeln nach Norden. Sobald aber Strom fließt, zeigen die Nadeln die **Feldlinien** des Magnetfeldes an. Der Draht ist nun magnetisch und kann Metallgegenstände anziehen und abstoßen.

Schalter

Alle Kompass-nadeln zeigen nach Norden.

Die Kompass-nadeln zeigen das Magnetfeld an.

Strom aus

Strom an

Batterie

Transformator

3 KLÖPPEL

Die Türklingel hat zwei **Kontakte** aus Metall. Einer ist fest, der andere, ein Metallstreifen oder Hebel, kann vor- und zurückfedern. An diesem sitzt der Klöppel, der gegen die Glocke schlägt. Der Strom, der durch die beiden Metallkontakte und um den Elektromagneten fließt, erzeugt ein Magnetfeld, das den beweglichen Kontakt zum Elektromagneten zieht. Dabei schlägt der Klöppel auf die Glocke.

Der Klöppel schlägt auf die Glocke.

Wenn der Klöppel anschlägt, wird die Glocke in Schwingung versetzt und erzeugt Schallwellen.

4 HIN UND WEG

Sobald der Hebel sich bewegt, trennen sich die beiden Kontakte, der Stromkreis wird unterbrochen und es fließt kein Strom mehr. Das Magnetfeld verschwindet. Federn ziehen den Hebel nun zurück, bis die beiden Kontakte sich wieder berühren. Es fließt Strom, und alles beginnt von vorn.

Unbeweglicher Kontakt

Beweglicher Kontakt mit Klöppel

Der Strom fließt durch die Spule, die um den Eisenkern gewunden ist, und erzeugt ein Magnetfeld.

Elektromagnet

2 SPANNUNGSÄNDERUNG

Der Strom fließt über einen Draht zu einem Transformator. Dieser verringert die Spannung, also die Kraft, die Elektronen durch den Stromkreis „schiebt", denn eine Klingel benötigt nur eine geringe Spannung.

KURZE ANZIEHUNG

Ein normaler Magnet besitzt eine dauerhafte Anziehungskraft und wäre bei einer Türklingel nicht von Nutzen. Ein Elektromagnet wirkt dagegen nur, wenn Strom fließt.

3-D-DRUCKER

Stell dir vor, du könntest dir die Bauanleitung für eine neue
Kakaotasse auf dem Computer aufrufen, sie nach deinen
Vorstellungen abwandeln und die Tasse dann selbst
anfertigen, statt sie im Geschäft zu kaufen.
Genau das geht mit einem 3-D-Drucker.

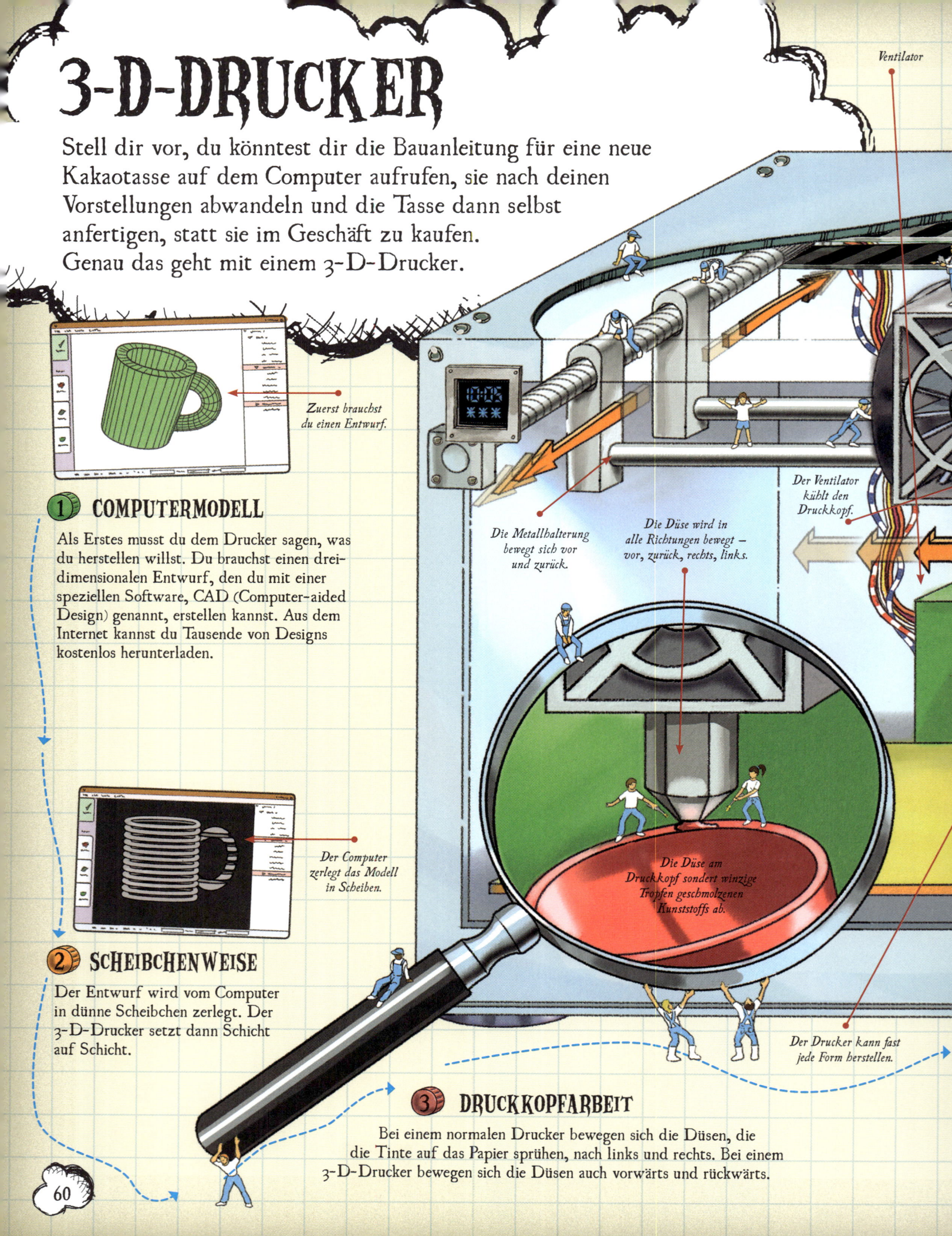

Ventilator

*Zuerst brauchst
du einen Entwurf.*

① COMPUTERMODELL

Als Erstes musst du dem Drucker sagen, was
du herstellen willst. Du brauchst einen drei-
dimensionalen Entwurf, den du mit einer
speziellen Software, CAD (Computer-aided
Design) genannt, erstellen kannst. Aus dem
Internet kannst du Tausende von Designs
kostenlos herunterladen.

*Die Metallhalterung
bewegt sich vor
und zurück.*

*Die Düse wird in
alle Richtungen bewegt –
vor, zurück, rechts, links.*

*Der Ventilator
kühlt den
Druckkopf.*

*Der Computer
zerlegt das Modell
in Scheiben.*

*Die Düse am
Druckkopf sondert winzige
Tropfen geschmolzenen
Kunststoffs ab.*

② SCHEIBCHENWEISE

Der Entwurf wird vom Computer
in dünne Scheibchen zerlegt. Der
3-D-Drucker setzt dann Schicht
auf Schicht.

*Der Drucker kann fast
jede Form herstellen.*

③ DRUCKKOPFARBEIT

Bei einem normalen Drucker bewegen sich die Düsen, die
die Tinte auf das Papier sprühen, nach links und rechts. Bei einem
3-D-Drucker bewegen sich die Düsen auch vorwärts und rückwärts.

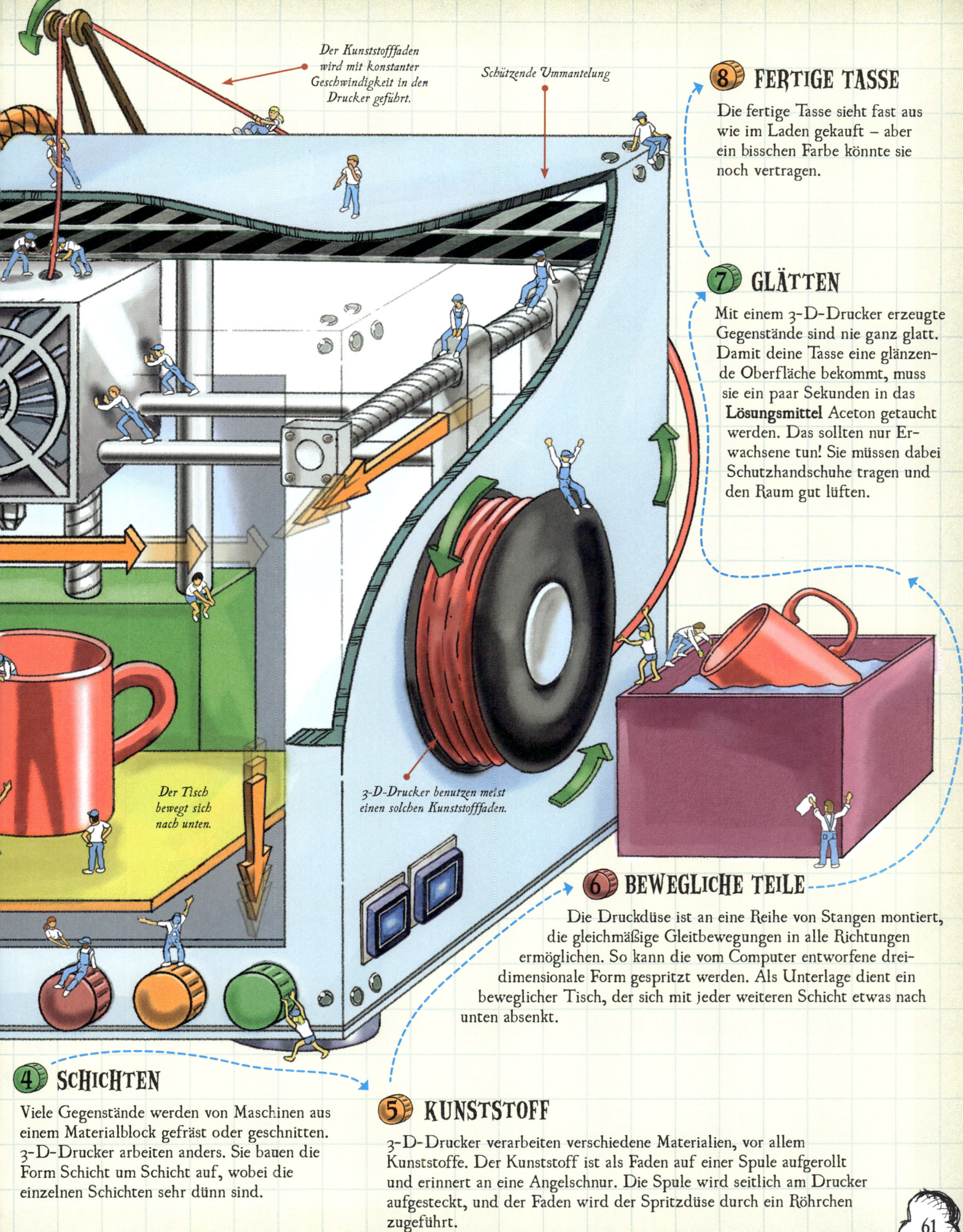

Der Kunststofffaden wird mit konstanter Geschwindigkeit in den Drucker geführt.

Schützende Ummantelung

8 FERTIGE TASSE

Die fertige Tasse sieht fast aus wie im Laden gekauft – aber ein bisschen Farbe könnte sie noch vertragen.

7 GLÄTTEN

Mit einem 3-D-Drucker erzeugte Gegenstände sind nie ganz glatt. Damit deine Tasse eine glänzende Oberfläche bekommt, muss sie ein paar Sekunden in das **Lösungsmittel** Aceton getaucht werden. Das sollten nur Erwachsene tun! Sie müssen dabei Schutzhandschuhe tragen und den Raum gut lüften.

Der Tisch bewegt sich nach unten.

3-D-Drucker benutzen meist einen solchen Kunststofffaden.

6 BEWEGLICHE TEILE

Die Druckdüse ist an eine Reihe von Stangen montiert, die gleichmäßige Gleitbewegungen in alle Richtungen ermöglichen. So kann die vom Computer entworfene dreidimensionale Form gespritzt werden. Als Unterlage dient ein beweglicher Tisch, der sich mit jeder weiteren Schicht etwas nach unten absenkt.

4 SCHICHTEN

Viele Gegenstände werden von Maschinen aus einem Materialblock gefräst oder geschnitten. 3-D-Drucker arbeiten anders. Sie bauen die Form Schicht um Schicht auf, wobei die einzelnen Schichten sehr dünn sind.

5 KUNSTSTOFF

3-D-Drucker verarbeiten verschiedene Materialien, vor allem Kunststoffe. Der Kunststoff ist als Faden auf einer Spule aufgerollt und erinnert an eine Angelschnur. Die Spule wird seitlich am Drucker aufgesteckt, und der Faden wird der Spritzdüse durch ein Röhrchen zugeführt.

WETTER-BERICHT

Wenn du wissen willst, ob morgen die Sonne scheint oder ob es regnet, kannst du den Wetterbericht im Fernsehen schauen. Aber wie können die Meteorologen wissen, wie das Wetter wird? Sie finden es durch Wetterbeobachtung in aller Welt heraus. Von der gegenwärtigen Situation können sie auf die kommenden Tage schließen.

Wolken bestehen aus winzigen Wassertropfen, die als Regen auf die Erde fallen können.

Wetterballon

Funksender

Wie viel Regen fällt?

Wie windig ist es?

Wie feucht ist es?

Wie warm ist es?

Wetter-station

Wetterdienst

② IN DER LUFT

Für Wettervorhersagen muss man wissen, was am Boden und was hoch oben am Himmel geschieht. Täglich steigen Tausende Wetterballons bis zu 30 Kilometer hoch in die Luft. Sie führen Instrumente mit sich, die die Wetterbedingungen in unterschiedlichen Höhen messen und die Ergebnisse automatisch zur Bodenstation funken.

① WETTERBEOBACHTUNG

In aller Welt messen Wetterstationen Luftfeuchtigkeit, Luftdruck, Temperatur, Regenmenge und Windgeschwindigkeit. Die Stationen senden ihre Messergebnisse per Funk zum örtlichen Wetterdienst. Dort werden diese Informationen sowie die Daten von Wetterballons, Wettersatelliten und Bodenstationen gesammelt und zu einem Kommunikationssatelliten geschickt.

GTS-Satellit

Wetterzentrum
empfängt
Daten.

4 EMPFÄNGST DU MICH?

Dieser Kommunikationssatellit gehört zum Global Telecommunications System (Globales Telekommunikationssystem, GTS). Er empfängt Daten aus aller Welt und sendet sie an einen Wetterdienst. Hier werden sie in einen leistungsstarken Supercomputer eingespeist. Er gleicht die Daten mit eingespeicherten Modellen ab und erstellt eine Wettervorhersage.

Computervorhersage

3 BLICK AUS DEM ALL

Wettersatelliten umkreisen die Erde und fotografieren die Welt unter sich. Sie senden die Bilder an einen Wetterdienst am Boden. Die Meteorologen sehen auf den Bildern, wo Wolken sind und welche Wettermuster sich entwickeln.

5 WETTERKARTE

Der Computer erstellt eine Karte, die zeigt, wie das Wetter in verschiedenen Regionen wird.

Die Computervorhersage wird an alle Wetterdienste übermittelt.

Erstellen der Wetterkarte

Funkwellen

Eine Meteorologin erklärt die Wetterkarte.

Wetterkarte

Richtig angezogen?

6 DAS WETTER VON MORGEN

Für den Wetterbericht im Fernsehen erstellen die Meteorologen aus der Wetterkarte des Computers eine Karte mit Symbolen, die auch Laien verstehen können. Sonnen bedeuten sonniges Wetter, Wolken bedeckten Himmel, Tröpfchen zeigen Regen an und so weiter. Jetzt weißt du, ob du morgen einen Regenmantel brauchst oder Shorts anziehen kannst.

FERNSEHEN

Wie kannst du zum Mars fliegen, deinen Lieblingssport verfolgen und wilde Tiere beobachten, ohne das Haus zu verlassen? Mit dem Fernseher natürlich! Aber wie funktioniert der eigentlich?

Kamera

Mikrofon

Studio

1 DAS BILD

Wenn eine Fernsehkamera Bilder aufnimmt, verwandelt ein Lichtsensor in der Kamera die Bilder in elektrische Signale.

Kameras nehmen nur in drei Farben auf: Rot, Grün und Blau.

Bild-signal

2 DER TON

Ein Mikrofon nimmt den Ton auf. Wie die Bilder wird der Ton als Abfolge elektrischer Signale aufgenommen.

3 LIVESENDUNG?

Nachrichten und Sportveranstaltungen werden oft live gesendet, also noch während sie stattfinden. Doch die meisten Sendungen werden aufgezeichnet und später ausgestrahlt.

4 WELLEN

Bild- und Tonsignale werden zu einem Fernsehsender geschickt. Starke Magneten verwandeln die elektrischen Impulse in elektromagnetische Wellen, Radio- oder Funkwellen genannt.

5 SENDEN

Die Radiowellen werden vom Sender verbreitet. Aber auch über Kabel können Fernsehprogramme direkt zum Fernseher übertragen werden.

Umwandlung der Impulse in Radiowellen

SATELLIT

Mehr als 6000 aktive Satelliten umkreisen die Erde. Sie übertragen z. B. Fernsehprogramme, sorgen dafür, dass das Navigationssystem im Auto funktioniert, ermöglichen Telefonate an abgelegene Orte oder dienen der Wettervorhersage. Sobald die Rakete eine Erdumlaufbahn erreicht hat, kann der Satellit seine Arbeit antreten.

SATELLITENORBIT

Je nach Umlaufbahn (Orbit) gibt es verschiedene Typen von Satelliten. Hier sind drei Beispiele.

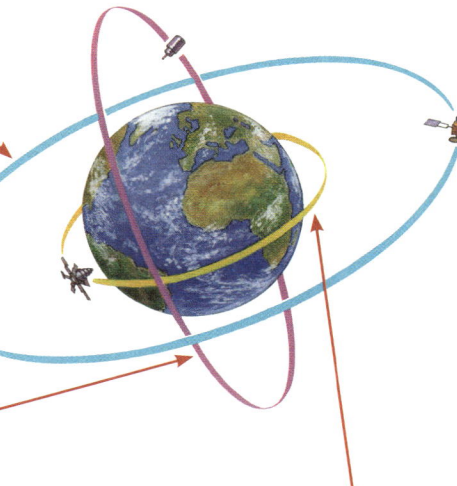

Geostationäre Satelliten scheinen von der Erde aus gesehen stillzustehen, weil sie sich genauso schnell um die Erde bewegen, wie die Erde sich um sich selbst dreht. Sie befinden sich also immer über demselben Punkt auf der Erde. Geostationäre Satelliten kreisen immer in einem Orbit um den Äquator.

Polarumlaufende Satelliten kreisen auf einer Bahn über den Nord- und den Südpol. Da die Erde sich unter dem Satelliten um ihre eigene Achse dreht, kann er die Erdoberfläche komplett abtasten. Das ist z. B. für die Wetterbeobachtung nützlich.

Satelliten mit einer niedrigen Umlaufbahn (Low Earth Orbit = LEO) kosten weniger, weil man sie nicht so weit transportieren muss und weil sie schwächere und damit günstigere Sender verwenden können. Die Internationale Raumstation (ISS) befindet sich in solch einem Orbit.

4. Sobald die richtige Umlaufbahn erreicht ist, trennen sich Satellit und zweite Raketenstufe.

Satellit

5. Die zweite Stufe fällt zurück zur Erde, wo sie beim Eintritt in die Atmosphäre verglüht.

3. Die zweite Stufe schwebt nun frei und wird mithilfe der Doppeltriebwerke im Orbit ausgerichtet.

NIEDRIGE, MITTLERE UND HOHE ORBITS

Satellitenorbits sind entweder niedrig, mittel oder hoch. Die niedrigen reichen von 200 bis 2000 Kilometer Höhe, die mittleren von 2000 bis 35 000 Kilometer, die hohen liegen darüber. Das Hubbleteleskop befindet sich in einer niedrigen Umlaufbahn und umkreist die Erde einmal in 90 Minuten. GPS-Satelliten (zur Navigation) befinden sich auf einer mittleren Bahn und umrunden die Erde zweimal am Tag. Viele Wettersatelliten sind in einem hohen Orbit und umkreisen die Erde einmal täglich. Die russischen MOLNIJA-Satelliten dienen der Kommunikation im hohen Norden und beschreiben einen exzentrischen Orbit zwischen 500 und 40 000 Kilometer.

Schutzhülle

2. In rund 100 Kilometer Höhe trennt sich die Nutzlastverkleidung ab. Sie schützt die dritte Stufe und die Fracht. Die beiden Hälften treiben weg und verglühen in der Atmosphäre.

1. Die zweite Stufe schießt die Rakete aus der Erdatmosphäre.

ZUSAMMENGEFALTET

Vor dem Start werden die Satelliten mit Vibrationsmaschinen darauf getestet, ob sie allen Belastungen des Raketenstarts gewachsen sind. Um Platz zu sparen, werden sie mit zusammengefalteten Solarkollektoren (siehe Seite 10) und abgeklappten Antennen unter der Nutzlastverkleidung verstaut. Nach dem atmosphärischen Durchflug öffnet sich die Verkleidung und fällt ab. Im Orbit ist der Satellit auf sich gestellt.

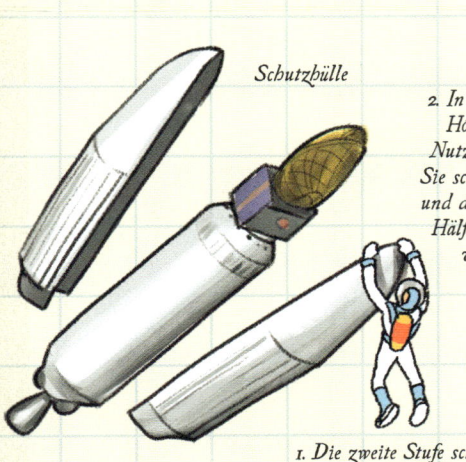

KOMMUNIKATIONS-SATELLIT

Der *Advanced Communications Technology Satellite* (ACTS) der amerikanischen Raumfahrtbehörde NASA wurde 1993 ins All geschossen. Er steckte voller damals noch ganz neuer Technik und konnte elektronische Daten (Bilder, Videos und Tondateien) schnell an die entlegensten Orte der Erde schicken. Heute hat ACTS ausgedient und wird nur noch als Studienobjekt für Nachwuchswissenschaftler verwendet.

ENTFALTEN DER SONNENKOLLEKTOREN

Sobald der Satellit im Orbit ist, schwingen die Sonnenkollektoren nach außen, sodass sie die Sonnenstrahlen einfangen und damit Energie erzeugen können. Dann werden die Schubdüsen, die Kommunikationsinstrumente und die übrige Technik von Wissenschaftlern auf der Erde ferngesteuert auf ihre Funktionstüchtigkeit getestet.

SATELLITEN BEOBACHTEN

Obwohl Satelliten Solarzellenspannweiten von 20 Metern haben, können wir diese in einer Entfernung von Hunderten von Kilometern mit bloßem Auge sehen! Kurz nachdem die Sonne untergegangen ist, entdecken wir langsam fliegende, helle Sterne am Nachthimmel. Wenn sie nicht blinken und brummen, also keine Flugzeuge oder Hubschrauber sind, hast du einen Satelliten gesehen.

RAKETE

Es ist nicht einfach, einen Satelliten ins All zu befördern. Man benötigt jede Menge Schubkraft, um eine so große Masse in eine Erdumlaufbahn (siehe Seite 68) zu transportieren. Und nicht nur der Satellit, auch die Rakete und die Unmengen an Treibstoffen müssen gegen die Erdanziehung nach oben befördert werden. Hier lernst du die Funktionsweise einer Mehrstufenrakete kennen.

1 TRIEBWERKE

Ein Raketenantrieb funktioniert nach dem Rückstoßprinzip. Stell dir vor, du stehst auf einem Skateboard und hältst einen Gartenschlauch, aus dem ein starker Wasserstrahl spritzt. Die Energie des Wassers würde das Skateboard in die andere Richtung drücken, ihm also Schubkraft geben. So funktioniert auch ein Raketenantrieb – aber nicht mit Wasser, sondern mit den Reaktionsgasen des Raketentreibstoffs.

RAKETENSCHUB

Raketentriebwerke mischen flüssigen Sauerstoff und flüssigen Brennstoff und entzünden dieses Gemisch, um Schub zu erzeugen. Da es im Weltall keinen Sauerstoff gibt, müssen die Raketen ihn in flüssiger Form in einem gewaltigen Tank mitführen.

Starttriebwerk

Bei älteren ATLAS-Raketen werden eine Minute später zwei der drei Starttriebwerke abgetrennt.

Feststoffraketen

Beide Feststoffraketenpaare brauchen ihren gesamten Treibstoff in den ersten zwei Minuten auf und werden dann abgeworfen.

2 RAKETENSTART

Raketen werden meist von einer Startanlage aus ins All gestartet. Das gewaltige Gerüst ermöglicht es den Ingenieuren und Technikern zum einen, die Rakete mit Treibstoff zu befüllen und sie zu überprüfen. Zum anderen braucht die Rakete eine Plattform, bis sie zum Abheben bereit ist. Sie ist mit besonderen Bolzen auf einem „Tisch" befestigt. Erst wenn in der ersten Raketenstufe die Triebwerke zünden, werden kleine Sprengladungen an den Bolzen gezündet, die diese zerreißen, und die Rakete hebt ab.

Die Turbine wird von heißem Gas angetrieben, das anschließend zum Düsenmund geleitet wird.

1. Brennstoff und Sauerstoff werden aus getrennten Tanks in den Injektor gepumpt.

Brennstoff

Flüssiger Sauerstoff

2. Im Injektor werden Brennstoff und Sauerstoff fein vernebelt und in die Brennkammer gedrückt. Hier wird das Gemisch entzündet, dabei entsteht heißes Gas.

Turbopumpen werden von einer Turbine angetrieben.

Brennstoff

3. Das Gas zwängt sich durch den Düsenhals und wird dadurch auf mehrere Kilometer pro Sekunde beschleunigt.

4. Entgegen dem ausströmenden Gas wird die Rakete beschleunigt.

Dachantenne

7 SIGNALE EMPFANGEN

Die Signale können über Satelliten- oder Dachantennen oder über Kabel empfangen werden.

6 AUS DEM ALL

Das Signal wird von geostationären Satelliten (siehe Seite 68) empfangen und wieder abgestrahlt.

8 IMPULSE

Antennen wandeln die Radiowellen wieder in elektrische Impulse um, die dann an deinen Fernseher weitergeleitet werden.

9 TON UND BILD

Ein Lautsprecher im Fernseher verwandelt die Impulse wieder in Schallwellen. Auf dem Bildschirm werden nur winzige blaue, rote und grüne Pixel erzeugt. Aus der Entfernung siehst du ein Bild in allen Farben.

Radiowellen

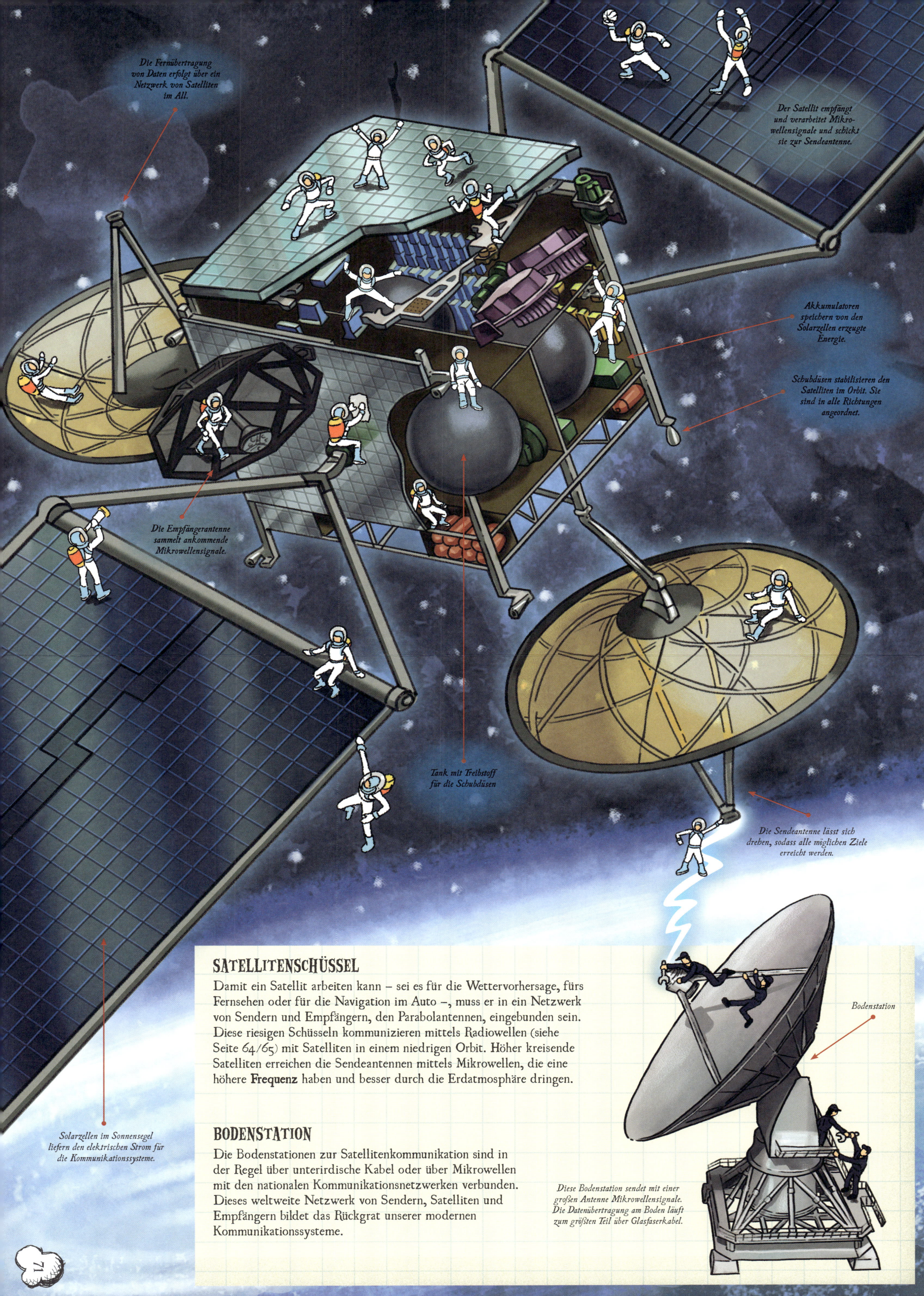

Die Fernübertragung von Daten erfolgt über ein Netzwerk von Satelliten im All.

Der Satellit empfängt und verarbeitet Mikrowellensignale und schickt sie zur Sendeantenne.

Akkumulatoren speichern von den Solarzellen erzeugte Energie.

Schubdüsen stabilisieren den Satelliten im Orbit. Sie sind in alle Richtungen angeordnet.

Die Empfängerantenne sammelt ankommende Mikrowellensignale.

Tank mit Treibstoff für die Schubdüsen

Die Sendeantenne lässt sich drehen, sodass alle möglichen Ziele erreicht werden.

Solarzellen im Sonnensegel liefern den elektrischen Strom für die Kommunikationssysteme.

SATELLITENSCHÜSSEL

Damit ein Satellit arbeiten kann – sei es für die Wettervorhersage, fürs Fernsehen oder für die Navigation im Auto –, muss er in ein Netzwerk von Sendern und Empfängern, den Parabolantennen, eingebunden sein. Diese riesigen Schüsseln kommunizieren mittels Radiowellen (siehe Seite 64/65) mit Satelliten in einem niedrigen Orbit. Höher kreisende Satelliten erreichen die Sendeantennen mittels Mikrowellen, die eine höhere **Frequenz** haben und besser durch die Erdatmosphäre dringen.

BODENSTATION

Die Bodenstationen zur Satellitenkommunikation sind in der Regel über unterirdische Kabel oder über Mikrowellen mit den nationalen Kommunikationsnetzwerken verbunden. Dieses weltweite Netzwerk von Sendern, Satelliten und Empfängern bildet das Rückgrat unserer modernen Kommunikationssysteme.

Bodenstation

Diese Bodenstation sendet mit einer großen Antenne Mikrowellensignale. Die Datenübertragung am Boden läuft zum größten Teil über Glasfaserkabel.

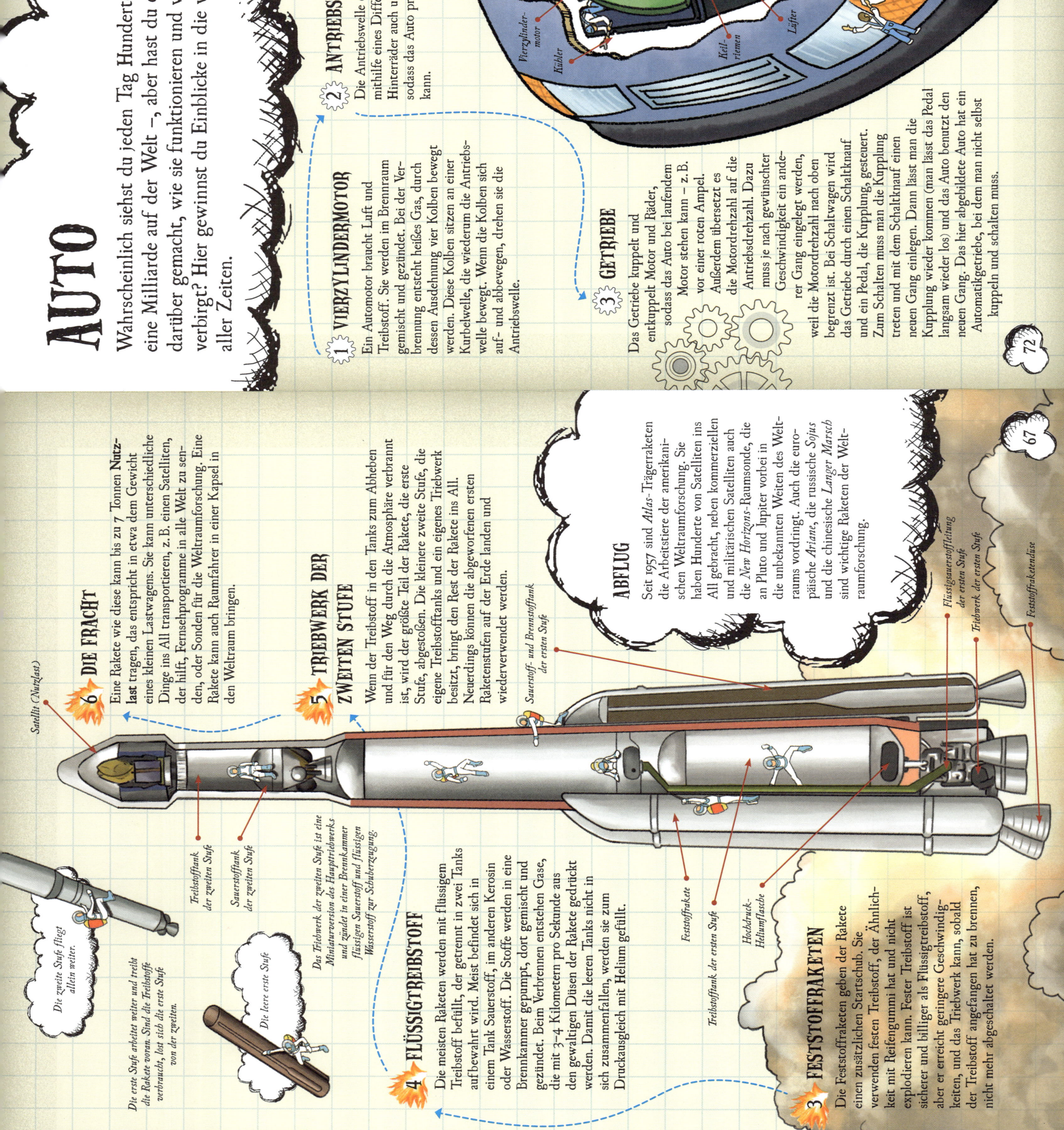

AUTO

Wahrscheinlich siehst du jeden Tag Hundert Autos – es gibt weit über eine Milliarde auf der Welt –, aber hast du dir schon einmal Gedanken darüber gemacht, wie sie funktionieren und was sich unter der Motorhaube verbirgt? Hier gewinnst du Einblicke in die vielleicht beliebteste Maschine aller Zeiten.

1 VIERZYLINDERMOTOR

Ein Automotor braucht Luft und Treibstoff. Sie werden im Brennraum gemischt und gezündet. Bei der Verbrennung entsteht heißes Gas, durch dessen Ausdehnung vier Kolben bewegt werden. Diese Kolben sitzen an einer Kurbelwelle, die wiederum die Antriebswelle bewegt. Wenn die Kolben sich auf- und abbewegen, drehen sie die Antriebswelle.

2 ANTRIEBSWELLE UND DIFFERENTIAL

Die Antriebswelle dreht die Hinterachse. Das geschieht mithilfe eines Differentialgetriebes. Es kann die beiden Hinterräder auch unterschiedlich schnell drehen, sodass das Auto problemlos Kurven fahren kann.

3 GETRIEBE

Das Getriebe kuppelt und entkuppelt Motor und Räder, sodass das Auto bei laufendem Motor stehen kann – z.B. vor einer roten Ampel. Außerdem übersetzt es die Motordrehzahl auf die Antriebsdrehzahl. Dazu muss je nach gewünschter Geschwindigkeit ein anderer Gang eingelegt werden, weil die Motordrehzahl nach oben begrenzt ist. Bei Schaltwagen wird das Getriebe durch einen Schaltknauf und ein Pedal, die Kupplung, gesteuert. Zum Schalten muss man die Kupplung treten und mit dem Schaltknauf einen neuen Gang einlegen. Dann lasst man die Kupplung wieder kommen (man lasst das Pedal langsam wieder los) und das Auto benutzt den neuen Gang. Das hier abgebildete Auto hat ein Automatikgetriebe, bei dem man nicht selbst kuppeln und schalten muss.

Bremsleitung · *Getriebe* · *Gaspedal* · *Brems-pedal* · *Stoß-dämpfer* · *12-Volt-Batterie* · *Elektro-motor* · *Lüfter* · *Keil-riemen* · *Kühler* · *Vierzylinder-motor*

72

---

6 DIE FRACHT

Eine Rakete wie diese kann bis zu 7 Tonnen Nutzlast tragen, das entspricht in etwa dem Gewicht eines kleinen Lastwagens. Sie kann unterschiedliche Dinge ins All transportieren, z.B. einen Satelliten, der hilft, Fernsehprogramme in alle Welt zu senden, oder Sonden für die Weltraumforschung. Eine Rakete kann auch Raumfahrer in einer Kapsel in den Weltraum bringen.

5 TRIEBWERK DER ZWEITEN STUFE

Wenn der Treibstoff in den Tanks zum Abheben und für den Weg durch die Atmosphäre verbrannt ist, wird auf der größte Teil der Rakete, die erste Stufe, abgestoßen. Die kleinere zweite Stufe, die eigene Treibstofftanks und ein eigenes Triebwerk besitzt, bringt den Rest der Rakete ins All. Neuerdings können die abgeworfenen ersten Raketenstufen auf der Erde landen und wiederverwendet werden.

4 FLÜSSIGTREIBSTOFF

Die meisten Raketen werden mit flüssigem Treibstoff befüllt, der getrennt in zwei Tanks aufbewahrt wird. Meist befindet sich in einem Tank Sauerstoff, im anderen Kerosin oder Wasserstoff. Die Stoffe werden in eine Brennkammer gepumpt, dort gemischt und gezündet. Beim Verbrennen entstehen Gase, die mit 3–4 Kilometern pro Sekunde aus den gewaltigen Düsen der Rakete gedrückt werden. Damit die leeren Tanks nicht in sich zusammenfallen, werden sie zum Druckausgleich mit Helium gefüllt.

3 FESTSTOFFRAKETEN

Die Feststoffraketen geben der Rakete einen zusätzlichen Startschub. Sie verwenden einen festen Treibstoff, der Ähnlichkeit mit Reifengummi hat und nicht explodieren kann. Fester Treibstoff ist sicherer und billiger als Flüssigtreibstoff, aber er erreicht geringere Geschwindigkeiten, und das Triebwerk kann, sobald der Treibstoff angefangen hat zu brennen, nicht mehr abgeschaltet werden.

ABFLUG

Seit 1957 sind *Atlas*-Trägerraketen die Arbeitstiere der amerikanischen Weltraumforschung. Sie haben Hunderte von Satelliten ins All gebracht, neben kommerziellen und militärischen Satelliten auch die *New Horizons*-Raumsonde, die an Pluto und Jupiter vorbei in die unbekannten Weiten des Weltraums vordringt. Auch die europäische *Ariane*, die russische *Sojus* und die chinesische *Langer Marsch* sind wichtige Raketen der Weltraumforschung.

Satellit (Nutzlast) · *Treibstofftank der zweiten Stufe* · *Sauerstofftank der zweiten Stufe* · *Sauerstoff- und Brennstofftank der ersten Stufe* · *Feststoffrakete* · *Feststoffrakete der ersten Stufe* · *Hochdruck-Heliumflasche* · *Treibstofftank der ersten Stufe* · *Flüssigtreibstoffleitung der ersten Stufe* · *Triebwerk der ersten Stufe* · *Feststoffraketendüse*

Die zweite Stufe fliegt allein weiter.

Die erste Stufe arbeitet weiter und treibt die Rakete voran. Sind die Treibstoffe verbraucht, löst sich die erste Stufe von der zweiten.

Die leere erste Stufe

Das Triebwerk der zweiten Stufe ist eine Miniaturversion des Haupttriebwerks und zündet in einer Brennkammer flüssigen Sauerstoff und flüssigen Wasserstoff zur Schuberzeugung.

67

4 KRAFTSTOFFTANK

Beim Tanken kommt das Benzin in einen Tank. Von dort wird es zum Motor gepumpt. Bei manchen Fahrzeugen liegt die Kraftstoffpumpe vorn und wird vom Motor angetrieben. Bei anderen befindet sie sich im Tank und läuft über die Autobatterie.

5 HYBRIDBATTERIE

Hybridfahrzeuge wie das hier abgebildete Auto haben sowohl einen Benzinmotor als auch einen Elektromotor, der auch als Generator verwendet werden kann. In dieser Betriebsart verwandelt er einen Teil der vom Motor erzeugten Energie in Strom, der in einem Akku gespeichert wird. Wenn man auf die Bremse tritt, wird mit dem Generator viel Strom erzeugt und das Auto abgebremst.

6 AUSPUFF UND KATALYSATOR

Vom Motor läuft ein Auspuffrohr bis zum Heck des Autos. Es leitet die Abgase vom Motor durch einen Katalysator. Dort werden schädliche Stoffe in unschädliche umgewandelt, ehe das Abgas durch den Auspuff ausgestoßen wird.

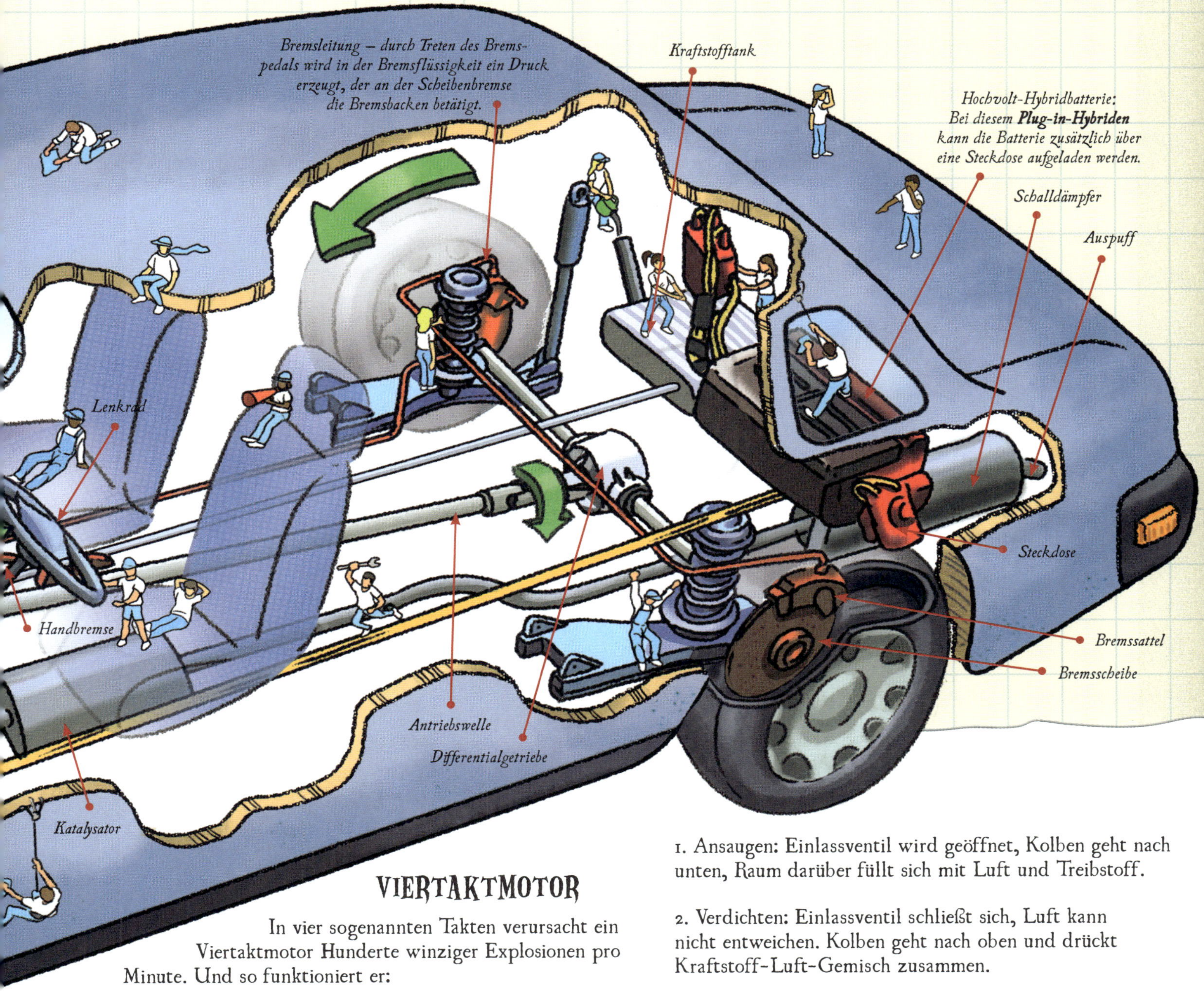

Bremsleitung – durch Treten des Bremspedals wird in der Bremsflüssigkeit ein Druck erzeugt, der an der Scheibenbremse die Bremsbacken betätigt.

Kraftstofftank

*Hochvolt-Hybridbatterie: Bei diesem **Plug-in-Hybriden** kann die Batterie zusätzlich über eine Steckdose aufgeladen werden.*

Schalldämpfer

Auspuff

Lenkrad

Steckdose

Handbremse

Bremssattel

Bremsscheibe

Antriebswelle

Differentialgetriebe

Katalysator

VIERTAKTMOTOR

In vier sogenannten Takten verursacht ein Viertaktmotor Hunderte winziger Explosionen pro Minute. Und so funktioniert er:

1. Ansaugen: Einlassventil wird geöffnet, Kolben geht nach unten, Raum darüber füllt sich mit Luft und Treibstoff.

2. Verdichten: Einlassventil schließt sich, Luft kann nicht entweichen. Kolben geht nach oben und drückt Kraftstoff-Luft-Gemisch zusammen.

3. Zünden und Arbeiten: Funken entzündet Gemisch, Gemisch verbrennt. Druck der sich ausbreitenden Gase drückt Kolben nach unten.

4. Ausstoßen: Wenn der Kolben den tiefsten Punkt erreicht, öffnet sich das Auslassventil. Der Kolben bewegt sich nach oben und die Abgase verlassen den Zylinder. Das Ganze beginnt nun von vorn.

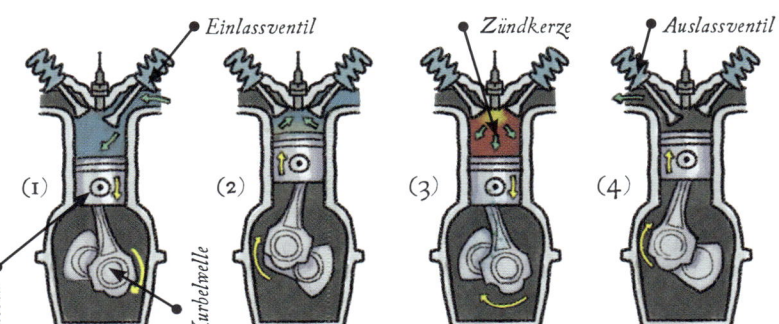

Einlassventil

Zündkerze

Auslassventil

(1) (2) (3) (4)

Kolben

Kurbelwelle

FLUGZEUG

Schon ein kleines Düsenflugzeug wie dieses wiegt voll beladen etwa 24 500 Kilogramm, so viel wie fünf Elefanten. Wie bekommt man diese Masse in die Luft und sicher ans gewünschte Ziel?

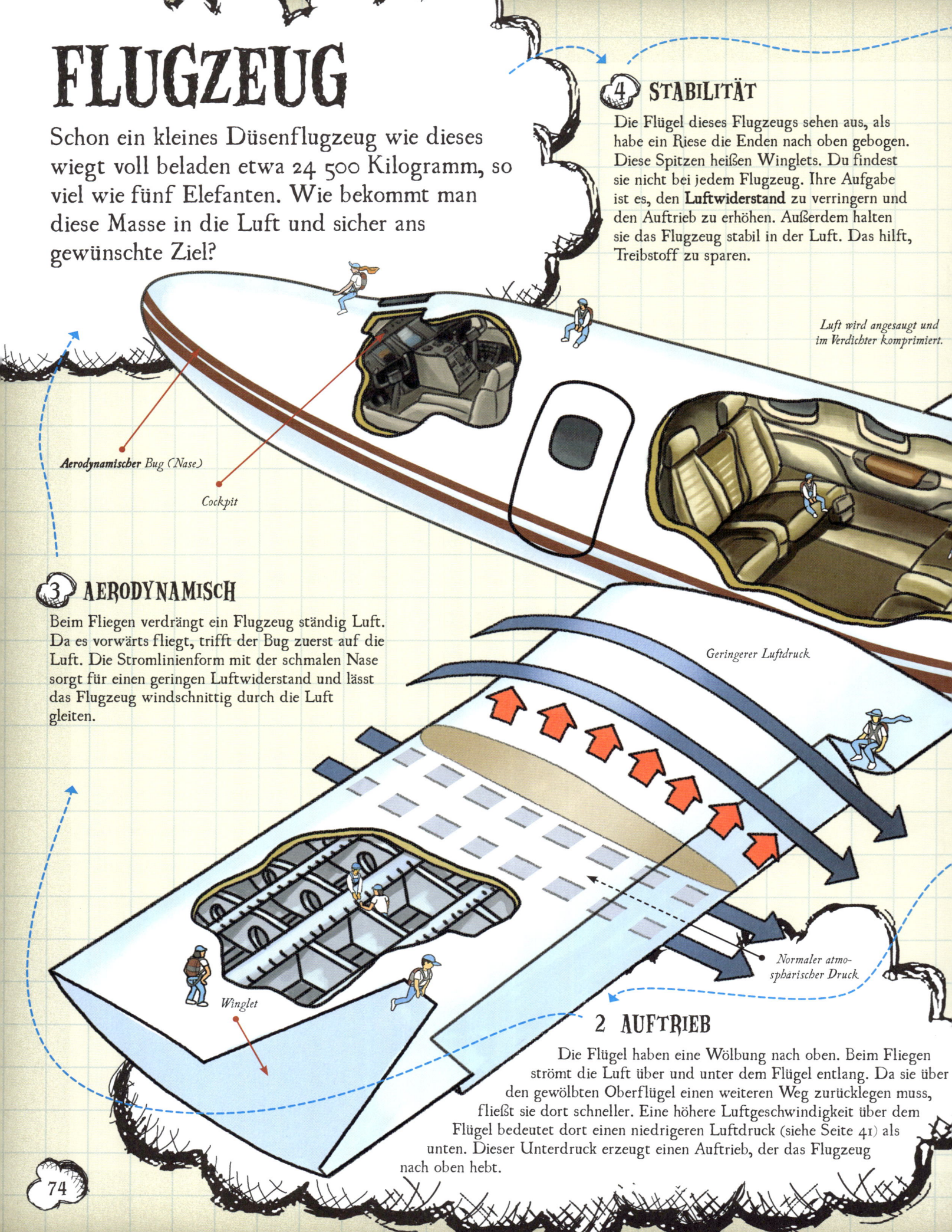

4 STABILITÄT

Die Flügel dieses Flugzeugs sehen aus, als habe ein Riese die Enden nach oben gebogen. Diese Spitzen heißen Winglets. Du findest sie nicht bei jedem Flugzeug. Ihre Aufgabe ist es, den **Luftwiderstand** zu verringern und den Auftrieb zu erhöhen. Außerdem halten sie das Flugzeug stabil in der Luft. Das hilft, Treibstoff zu sparen.

Luft wird angesaugt und im Verdichter komprimiert.

Aerodynamischer Bug (Nase)

Cockpit

Geringerer Luftdruck

3 AERODYNAMISCH

Beim Fliegen verdrängt ein Flugzeug ständig Luft. Da es vorwärts fliegt, trifft der Bug zuerst auf die Luft. Die Stromlinienform mit der schmalen Nase sorgt für einen geringen Luftwiderstand und lässt das Flugzeug windschnittig durch die Luft gleiten.

Winglet

Normaler atmosphärischer Druck

2 AUFTRIEB

Die Flügel haben eine Wölbung nach oben. Beim Fliegen strömt die Luft über und unter dem Flügel entlang. Da sie über den gewölbten Oberflügel einen weiteren Weg zurücklegen muss, fließt sie dort schneller. Eine höhere Luftgeschwindigkeit über dem Flügel bedeutet dort einen niedrigeren Luftdruck (siehe Seite 41) als unten. Dieser Unterdruck erzeugt einen Auftrieb, der das Flugzeug nach oben hebt.

5 QUERRUDER

In der Luft muss sich das Flugzeug auf und ab, nach rechts und nach links lenken lassen. Die Piloten bewegen dazu mithilfe der Steuerung und Pedale im Cockpit Ruder an den Flügeln. Lenkt der Pilot nach links, wird das Querruder am linken Flügel nach oben und das am rechten Flügel nach unten geklappt. Da ein aufgerichtetes Ruder den Auftrieb verringert und ein abgesenktes ihn erhöht, kippt das Flugzeug nach links und dreht dann in diese Richtung.

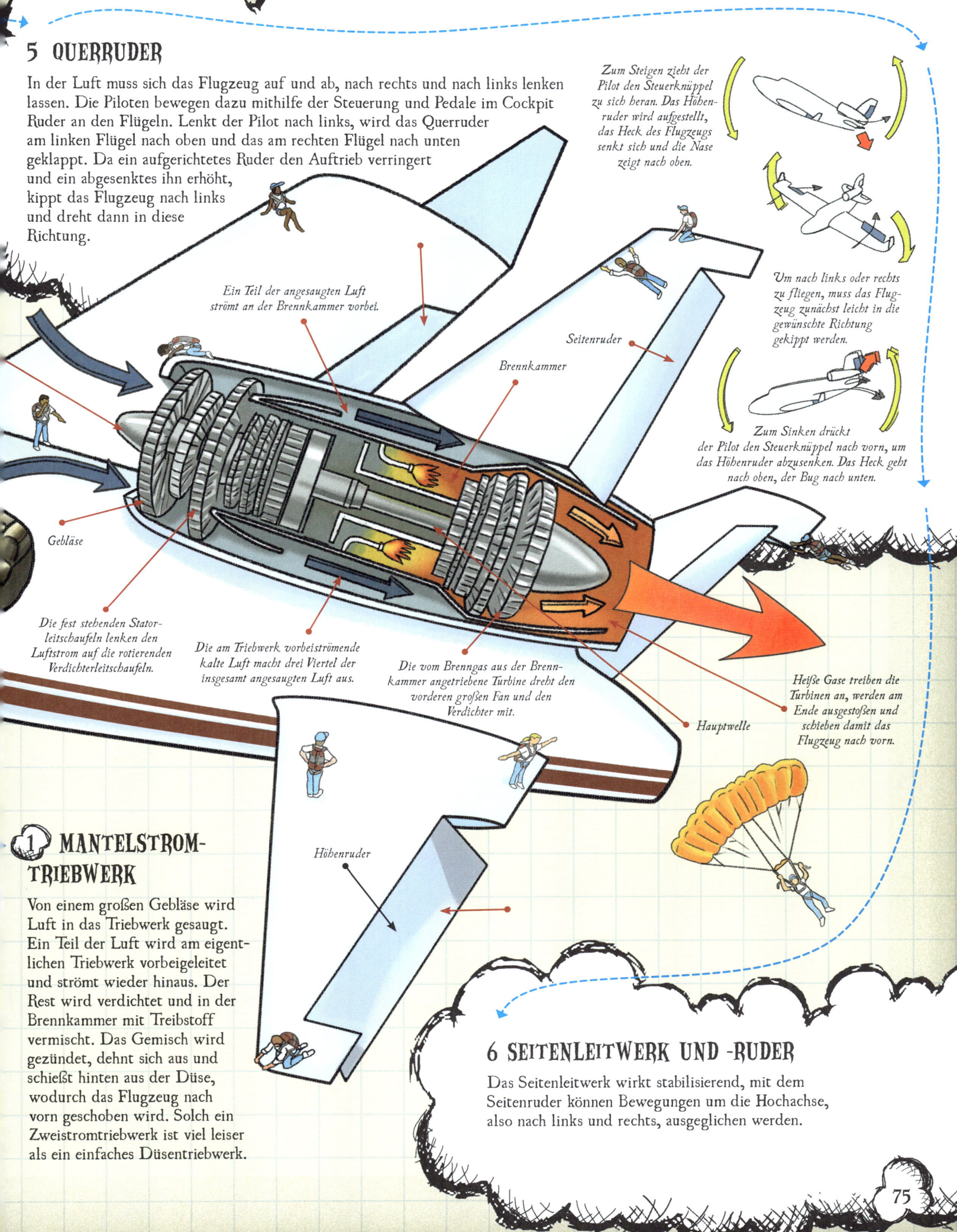

Zum Steigen zieht der Pilot den Steuerknüppel zu sich heran. Das Höhenruder wird aufgestellt, das Heck des Flugzeugs senkt sich und die Nase zeigt nach oben.

Um nach links oder rechts zu fliegen, muss das Flugzeug zunächst leicht in die gewünschte Richtung gekippt werden.

Zum Sinken drückt der Pilot den Steuerknüppel nach vorn, um das Höhenruder abzusenken. Das Heck geht nach oben, der Bug nach unten.

Ein Teil der angesaugten Luft strömt an der Brennkammer vorbei.

Seitenruder

Brennkammer

Gebläse

Die fest stehenden Stator-leitschaufeln lenken den Luftstrom auf die rotierenden Verdichterleitschaufeln.

Die am Triebwerk vorbeiströmende kalte Luft macht drei Viertel der insgesamt angesaugten Luft aus.

Die vom Brenngas aus der Brenn-kammer angetriebene Turbine dreht den vorderen großen Fan und den Verdichter mit.

Hauptwelle

Heiße Gase treiben die Turbinen an, werden am Ende ausgestoßen und schieben damit das Flugzeug nach vorn.

Höhenruder

1 MANTELSTROM-TRIEBWERK

Von einem großen Gebläse wird Luft in das Triebwerk gesaugt. Ein Teil der Luft wird am eigentlichen Triebwerk vorbeigeleitet und strömt wieder hinaus. Der Rest wird verdichtet und in der Brennkammer mit Treibstoff vermischt. Das Gemisch wird gezündet, dehnt sich aus und schießt hinten aus der Düse, wodurch das Flugzeug nach vorn geschoben wird. Solch ein Zweistromtriebwerk ist viel leiser als ein einfaches Düsentriebwerk.

6 SEITENLEITWERK UND -RUDER

Das Seitenleitwerk wirkt stabilisierend, mit dem Seitenruder können Bewegungen um die Hochachse, also nach links und rechts, ausgeglichen werden.

TAUCHBOOT

An manchen Stellen sind die Weltmeere so tief, dass, würde man den Mount Everest (8848 Meter) dort versenken, noch über 2 Kilometer Wasser über seinem Gipfel stünden. Zur Erforschung dieser dunklen, geheimnisvollen Tiefen benötigt man ein spezielles Tiefsee-U-Boot, auch Bathyskaph genannt.

1 SCHEINWERFER

Wozu Scheinwerfer? In Tiefen ab 200 Metern dringt kaum noch Sonnenlicht vor. Ab etwa 300 Metern Tiefe ist es stockfinster. Es gibt nur noch das geheimnisvolle Leuchten von Tiefseewesen.

Die Kamera wird vom Piloten gesteuert.

2 KUPPEL

Durchsichtige Kuppeln erlauben der Besatzung Blicke auf Tiefseelebewesen. Glas eignet sich allerdings nicht als Baustoff, denn es würde unter dem Druck des Wassers bersten. Stattdessen nimmt man den Kunststoff Acryl, der leichter ist als Glas, aber 17-mal stabiler.

Starke, bewegliche Scheinwerfer

3 RUMPF

Der Rumpf des Tauchboots besteht meist aus einer Titanlegierung, einer Mischung von stabilen, rostfreien Metallen, die dem Druck besser standhalten als Stahl. Auch Carbonfasern eignen sich als stabiler, aber flexibler Werkstoff.

Roboterarm

Drahtkorb zum Sammeln von Materialproben

4 HYDRAULISCHE GREIFARME

Da die Besatzung des Tauchboots nicht aussteigen kann, um interessante Funde aufzunehmen, sind viele Tauchboote mit Roboterarmen zum Greifen ausgestattet. Sie funktionieren ein bisschen wie ein Greifautomat auf dem Jahrmarkt.

5 STAURAUM

Was der Pilot mit den Greifarmen aufsammelt, kann nicht einfach über eine Ladeluke ins Boot geholt werden. Es wird in einen großen Korb gepackt und darin nach oben befördert.

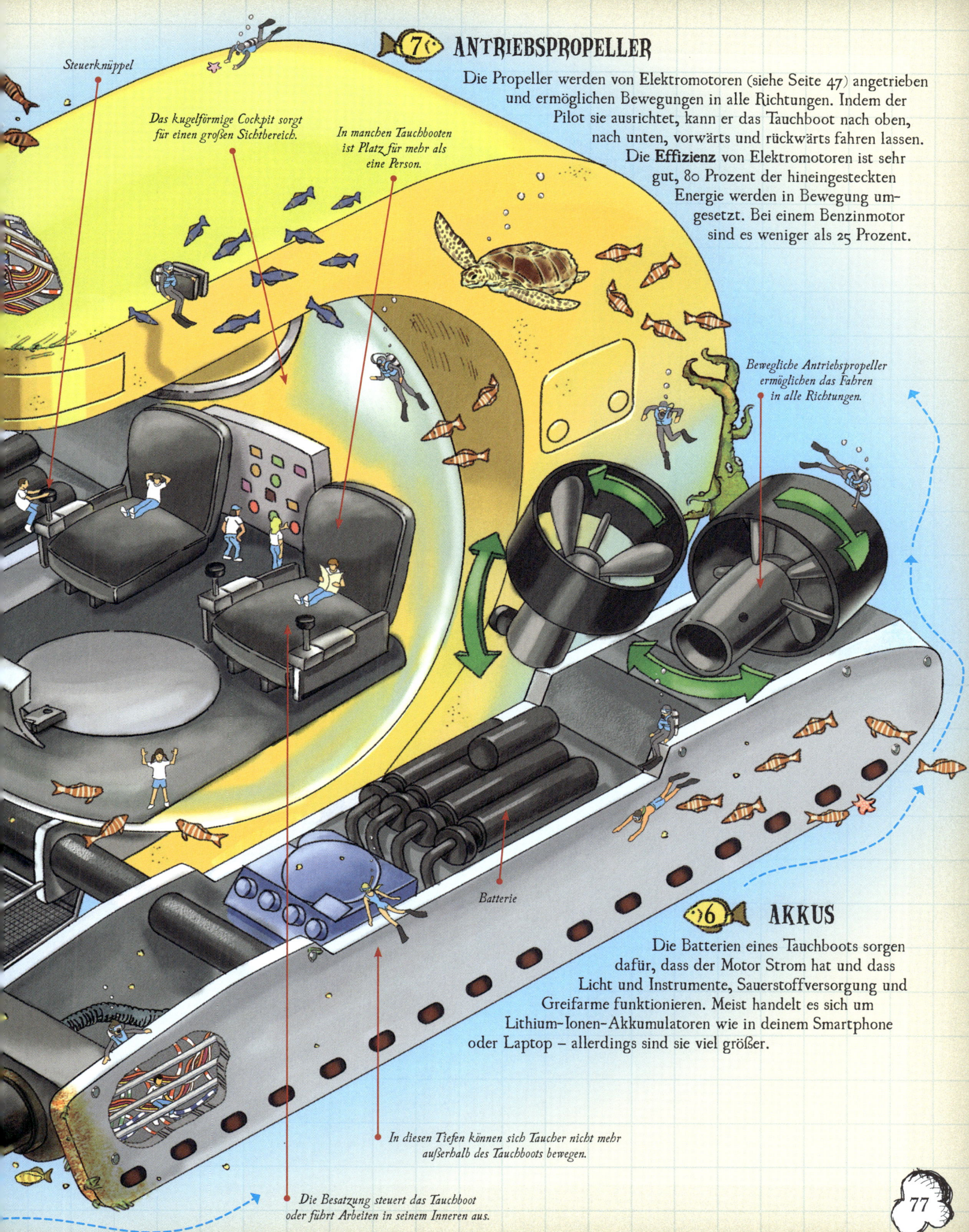

Steuerknüppel

Das kugelförmige Cockpit sorgt für einen großen Sichtbereich.

In manchen Tauchbooten ist Platz für mehr als eine Person.

7 ANTRIEBSPROPELLER

Die Propeller werden von Elektromotoren (siehe Seite 47) angetrieben und ermöglichen Bewegungen in alle Richtungen. Indem der Pilot sie ausrichtet, kann er das Tauchboot nach oben, nach unten, vorwärts und rückwärts fahren lassen. Die **Effizienz** von Elektromotoren ist sehr gut, 80 Prozent der hineingesteckten Energie werden in Bewegung umgesetzt. Bei einem Benzinmotor sind es weniger als 25 Prozent.

Bewegliche Antriebspropeller ermöglichen das Fahren in alle Richtungen.

Batterie

6 AKKUS

Die Batterien eines Tauchboots sorgen dafür, dass der Motor Strom hat und dass Licht und Instrumente, Sauerstoffversorgung und Greifarme funktionieren. Meist handelt es sich um Lithium-Ionen-Akkumulatoren wie in deinem Smartphone oder Laptop – allerdings sind sie viel größer.

In diesen Tiefen können sich Taucher nicht mehr außerhalb des Tauchboots bewegen.

Die Besatzung steuert das Tauchboot oder führt Arbeiten in seinem Inneren aus.

GLOSSAR

aerodynamisch Wenig Luftwiderstand bietend, mit guten Strömungseigenschaften. Die Wissenschaft der Aerodynamik beschäftigt sich u.a. mit den Kräften, die ein Flugzeug fliegen lassen.

AGB Kurz für **A**llgemeine **G**eschäftsbedingungen. Dieser Katalog legt fest, welche Rechte und Pflichten der Anbieter und der Verwender eines Dienstes haben, z.B. bei der Nutzung von Apps oder sozialen Netzwerken.

Alphateilchen Teilchen, das beim radioaktiven Zerfall von Atomkernen ausgesendet wird. Es besteht aus zwei Protonen und zwei Neutronen.

Atome Bausteine, aus denen alle festen, flüssigen und gasförmigen Stoffe bestehen

Bakterien Gruppe einzelliger Mikroorganismen ohne Zellkern

Biomüll Organischer Abfall wie z.B. feste Speisereste, Laub und Teebeutel

Desinfektion Vernichtung von Krankheitserregern und Keimen

Druck Kraft, mit der ein Körper oder ein Stoff auf eine bestimmte Fläche einwirkt. Der Druck von Gasen steigt mit der Temperatur.

Effizienz Verhältnis von Aufwand zu Ertrag. Ein geringerer Kraftstoffverbrauch beim Auto ist z.B. effizienter als ein höherer Verbrauch.

Elektron Negativ geladenes Teilchen in der Hülle von Atomen. Fließende Elektronen in einem elektrischen Leiter bilden den elektrischen Strom.

Enzym Eiweißstoff, der chemische Reaktionen beschleunigt

Feldlinien Linien, die die Richtung einer Kraft in einem Kraftfeld anschaulich darstellen, z.B. die magnetische Anziehung in einem Magnetfeld

foto-optischer Rauchmelder In der Messkammer eines solchen Rauchmelders werden immerzu Lichtstrahlen ausgesendet, die normalerweise ungebrochen durch die Kammer verlaufen. Gelangt Rauch in die Messkammer, werden die Lichtstrahlen von den Rauchteilchen reflektiert und auf einen Sensor umgeleitet, der den Alarm auslöst.

Frequenz Schwingungszahl von Wellen (z.B. Radiowellen) pro Sekunde

Gärung, alkoholische Abbau von Zucker zu Alkohol und Kohlenstoffdioxid ohne Beteiligung von Sauerstoff (z.B. durch Hefe)

Generator, elektrischer Maschine, die Bewegungsenergie in elektrische Energie umwandelt

genormt Adjektiv zu „Norm". Dies bezeichnet eine Richtlinie, die zur Vereinheitlichung aufgestellt wurde. So sehen Steckdosen in Deutschland z.B. überall gleich aus, damit die entsprechend genormten Stecker passen.

Gewichts- oder Schubkraft Produkt aus Masse und Beschleunigung. Die Masse wird in Kilogramm angegeben und ist überall gleich. Die Beschleunigung ist ortsabhängig. Die Kraft hat als Einheit das Newton (N).

Gleichstrom Art des elektrischen Stroms, fließt immer in gleich bleibender Richtung

GPS Abkürzung für Global Positioning System. Weltweites satellitengestütztes System zur Positionsbestimmung

Hardware Mechanische und elektronische Bestandteile eines Computers

Heliostat Spiegel, der sich automatisch ausrichtet, um Sonnenlicht einzufangen und präzise zu lenken

ionisieren Zu Ionen machen. Ionen sind elektrisch geladene Atome oder Moleküle.

Isolierung Abschirmung von Hitze, Kälte oder Strom. Gute elektrische Isolatoren (Materialien zum Isolieren) sind Kunststoffe, Glas, Keramik und Gummi.

Kernenergie Auch Atomenergie. Energie, die durch die Spaltung von Atomkernen der radioaktiven Stoffe Uran oder Plutonium frei wird

Kompressor Auch Verdichter. Gerät, das eine Flüssigkeit oder ein Gas zusammenpresst

Kondensieren Gas wird zu Flüssigkeit durch Abkühlung oder Verdichtung.

Kontakt, elektrischer Mechanismus, der einen Stromkreis schließt, sodass elektrischer Strom fließen kann

Kugellager Besteht aus Kugeln, die sich zwischen einem Außenring und einem Innenring bewegen. Dies verringert den Reibungswiderstand zwischen den beiden Ringen und erleichtert somit ihre Drehbewegung.

Lösungsmittel Damit können Stoffe, Gase oder Flüssigkeiten verdünnt oder von etwas anderem gelöst werden. Das bekannteste Lösungsmittel ist Wasser, es gibt aber auch viele industriell hergestellte Mittel.

Luftdruck Entsteht durch die Gewichtskraft der Luftsäule, die auf der Erdoberfläche oder auf einem Körper steht. Er wird in Hektopascal gemessen.

Luftwiderstand Strömungswiderstand, den die Luft der Bewegung – z. B. eines Flugzeugs – entgegensetzt

Magnet Körper, der bestimmte andere Körper magnetisch anzieht oder abstößt

Magnetfeld Unsichtbarer Bereich um einen Magneten, in dem die magnetische Kraft wirkt

Mikroprozessor Ein mit sehr kleinen Elektronikbauteilen ausgestatteter Chip, das Kernstück eines Computers. Hier werden Daten verarbeitet und weitergeleitet und der Computer somit gesteuert.

Mikrowellen Elektromagnetische Wellen, die im Mikrowellenherd, in der Radartechnik, beim WLAN und auch bei Mobiltelefonen zum Einsatz kommen

Molekül Chemisches Teilchen aus mehreren Atomen, durch chemische Bindungen zusammengehalten

Nockenwelle Mit Nocken, also gerundeten Vorsprüngen, versehene mechanische Welle, die eine Dreh- in eine Längsbewegung umwandelt. Sie kann z. B. Hebel auf- und abbewegen, etwa bei den Ventilen eines Automotors.

Nutzlast Masse, die ein Schiff, Fahrzeug, Flugzeug oder eine Rakete als Fracht mitnehmen kann

Plug-in-Hybrid Vom englischen *to plug in* = einstöpseln. Neben einem Verbrennungs- und einem Elektromotor verfügt ein Plug-in-Hybrid über eine Steckdose. Darüber kann das Fahrzeug ans Stromnetz angeschlossen und ein eingebauter Akku aufgeladen werden.

Pol Ein Magnet hat einen Nordpol und einen Südpol. Am Südpol treten die Feldlinien des Magnetfeldes ein und am Nordpol treten sie aus.

Pulpe Faserbrei, der zur Papierherstellung verwendet wird

radioaktiv Stoffe, bei denen sich instabile Atomkerne umwandeln und dabei energiereiche Strahlung abgeben, sind radioaktiv. Radioaktive Strahlung kann für Menschen schädlich oder sogar lebensgefährlich sein.

Schleifkontakt Kontakt an einem rotierenden Teil, der eine elektrische Verbindung herstellt. Dafür sind z. B. Kohlebürsten geeignet.

Software Programme und Daten auf einem Computer

Sog Saugwirkung, die Gase oder Flüssigkeiten in eine bestimmte Richtung bewegt (z. B. beim Staubsauger)

Spannung, elektrische Sie gibt an, wie viel Energie nötig ist, um eine elektrische Ladung zu transportieren. Wird in Volt gemessen

Streamen Übertragung und Wiedergabe von Mediendaten (Audio- oder Videodateien) über ein Netzwerk in Echtzeit

Strom, elektrischer Strom von elektrisch geladenen Teilchen, den Elektronen. Schaltet man den Strom ein, bewegen sich die Elektronen über elektrische Leitungen zum und durch ein elektrisches Gerät.

Stromkreis In einem geschlossenen Stromkreis sind elektrische Energiequellen und Kontakte so miteinander verbunden, dass der elektrische Strom fließen kann.

Stromstärke Menge elektrischer Ladung, die pro Sekunde an einer Stelle im Stromkreis vorbeifließt. Gemessen wird sie in Ampere.

Texterkennung Auch optische Zeichenerkennung. Automatische, von einem Computer ausgeführte Erkennung von Buchstaben und Zahlen

Transformator Auch Umspanner; kurz Trafo. Gerät zur Erhöhung oder Verringerung der elektrischen Spannung

Turbine Maschine mit schräg gestellten Schaufeln, die die Energie von durchströmendem Wind, Dampf oder Wasser in mechanische Antriebsenergie für einen Generator umwandelt

Unterdruck Herrscht, wenn der Druck in einem bestimmten Raum geringer ist als in der Umgebung

Ventil Bauteil, das den Strom von Flüssigkeiten oder Gasen reguliert oder sperrt

Verdampfen Übergehen vom flüssigen in den gasförmigen Zustand bei Siedetemperatur. Der Siedepunkt von Wasser liegt je nach Luftdruck bei etwa 100 °C.

Verdunsten Übergehen vom flüssigen in den gasförmigen Zustand, ohne die Siedetemperatur zu erreichen

Wechselrichter Elektrisches Gerät, das Gleichstrom in Wechselstrom umwandelt

Wechselstrom Stromart, deren Stärke und Richtung sich in regelmäßigen Abständen ändert. Der Vorteil gegenüber Gleichstrom besteht darin, dass sich die Spannung einfach ändern lässt.

Welle, mechanische Rotierender Metallstab, der zur Kraftübertragung dient, z. B. in einem Generator

Zeitverschiebung Zeitliche Differenz zwischen zwei Orten in unterschiedlichen Zeitzonen. Im Jahreslauf kann die Zeitverschiebung je nach Sommer- oder Winterzeit variieren.

REGISTER